Arduino轻松学

王文韬　刘　欣　编

科学普及出版社
·北　京·

图书在版编目（CIP）数据

Arduino 轻松学 / 王文韬，刘欣编 .—北京：科学普及出版社，2018.12
ISBN 978-7-110-09873-8

Ⅰ. ① A… Ⅱ. ①王… ②刘… Ⅲ. ①单片微型计算机—程序设计 Ⅳ. ① TP368.1

中国版本图书馆 CIP 数据核字（2018）第 177514 号

策划编辑	郑洪炜
责任编辑	李　洁　史朋飞
装帧设计	中文天地
责任校对	焦　宁
责任印制	马宇晨

出　　版	科学普及出版社
发　　行	中国科学技术出版社发行部
地　　址	北京市海淀区中关村南大街16号
邮　　编	100081
发行电话	010-62173865
投稿电话	010-63581070
网　　址	http://www.cspbooks.com.cn

开　　本	787mm × 1092mm　1/16
字　　数	100千字
印　　张	7
插　　页	28
印　　数	1—5000册
版　　次	2018年12月第1版
印　　次	2018年12月第1次印刷
印　　刷	北京盛通印刷股份有限公司
书　　号	ISBN 978-7-110-09873-8 / TP·236
定　　价	38.00元

Arduino 是一类开放源代码的单片机开发平台，包含各种类型的 Arduino 开发主板、多样的软件开发工具和丰富的扩展元器件。由于其具有价格低廉、易于学习、扩展丰富的特点，Arduino 得到了世界各地学校的认可，并用于学校编程和开源硬件教学。《Arduino 轻松学》共包含 16 个学习单元，以 Arduino 产品中的经典硬件模块及常用的声、光、动力和传感器模块作为开源硬件入门学习的主要内容。课程从人们日常的生活需求中提出问题，以问题引入相关的硬件和编程知识。本书适用于五年级以上的小学生以及中学生。

《Arduino 轻松学》是中国青少年科技辅导员协会组织编写的工程技术类青少年科技活动实用案例集中的一个主题。成立于 1981 年的中国青少年科技辅导员协会，长期以来致力于加强科技辅导员队伍建设，开展线上线下的培训活动，提高科技辅导员的专业素养，为科技辅导员开展青少年科技教育活动提供资源服务。为贯彻落实《全民科学素质行动计划纲要（2006—2010—2020 年）》，中国青少年科技辅导员协会根据科技教育活动的新发展，以及广大科技辅导员开展青少年科技教育活动的需求，组织编写了突出信息技术特色的工程技术类科技活动系列案例集。该系列案例集根据不同主题介绍与活动内容相关的背景知识、教材资料、活动组织流程、活动实施的方法（技巧）、器材工具、评估方法等。中小学科技教师、校外科技场所的科技辅导员、科普志愿者可以参考使用，设计和组织开展青少年科技活动；青少年也可以根据教材内容，自主开展相关活动。

本系列教材的出版得到中国科协科普部 2017 年科技辅导员继续教育项目的支持，在此表示感谢。

中国青少年科技辅导员协会

2018 年 4 月

Arduino 入门基础 1
闪烁的 LED 6
SOS 求救装置 12
交通警示灯 18
模拟输入、数值映射与串口监视器 23
调光台灯 29
门铃：逻辑判断与数字输入 35
状态指示灯：布尔运算 41
超声波测距仪：脉冲长度检测 47
红外报警器：程序中断 56
智能声控灯：多传感器与布尔运算 63
招财猫：舵机控制 68
抽奖转盘：随机数与数值映射 74
遥控门锁：红外控制 79
智能家居系统：综合案例 85
代码编程 89
纸模 109

Arduino 入门基础

一、课程介绍

欢迎大家加入《Arduino 轻松学》的学习中。Arduino 是目前全球最热门的开源硬件平台，拥有非常丰富的传感器等配套硬件模块，已形成一套完整的系统化的硬件使用和硬件编程产品体系，是硬件原型设计和开源硬件教育的最佳技术产品。

《Arduino 轻松学》将会为大家介绍 Arduino 的编程环境及常见的声、光、动力及其他传感器模块的原理及使用方法，并搭配图形化编程工具 Mixly，让编程像“搭积木”一样简单。

本节课作为《Arduino 轻松学》的入门基础，将从教授大家如何搭建 Arduino 的图形化编程环境开始，引导大家开始 Arduino 的学习。

接下来将介绍 Mixly 软件的安装、Arduino 硬件与电脑的连接、Arduino 驱动安装以及 Arduino 程序的上传方法。

硬件将介绍 Arduino UNO 板的工作电压、引脚分类、通信接口等基础硬件知识。同时，还会为大家介绍 Mixly 软件的基本操作方法：如何加载 Mixly 程序及上传。

二、知识要点

软件及驱动安装

三、元件清单及搭建方法

元件清单

图 1.1

元件介绍

Arduino UNO 板

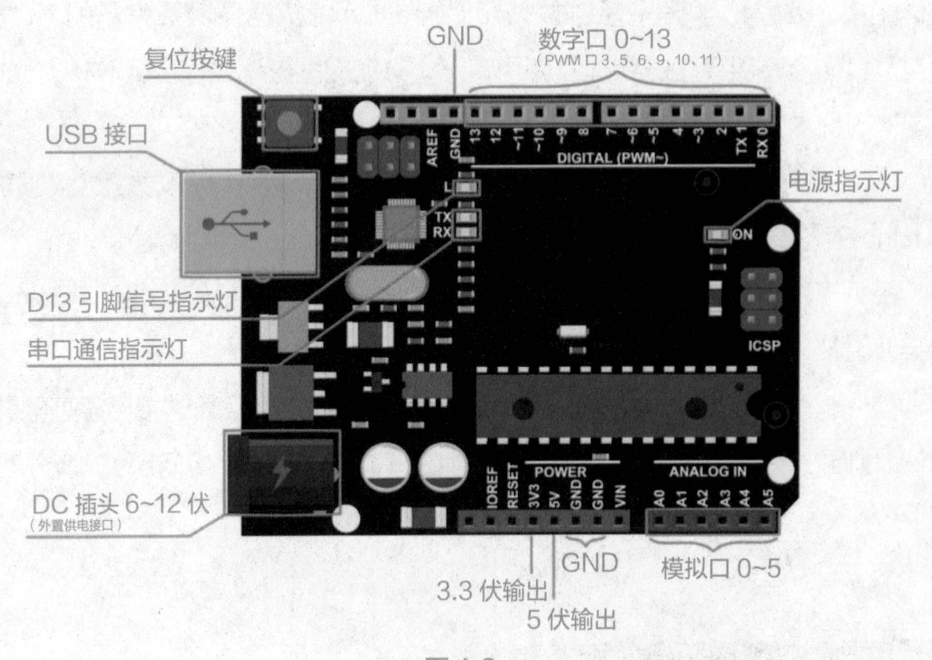

图 1.2
来源：dfrobot

Arduino UNO 板是目前最常见的 Arduino 主控板，本系列课程的所有编程及功能实现都是基于 Arduino UNO 板进行的。

工作电压：Arduino UNO 板工作电压为 5 伏，可由 USB 连接电脑供电，也可通过 DC 插口独立供电。Arduino 主控板可以提供 3.3 伏和 5 伏两种供电电压，若采用 DC 插口供电，则可以从 VIN 12 获得略低于 DL 输入电压的电压。

每个数字引脚输出电流最大不能超过 40 毫安（3.3 伏的不超过 50 毫安）。如果需要驱动电机、舵机等对功率有要求的设备，建议通过专用扩展板为设备供电，以免主控板复位重启或损坏；USB 输入电流超过 500 毫安时，会自动断开 USB 连接。

数字引脚：Arduino UNO 板载 14 个数字引脚（图 1.2 中绿色引脚）。

模拟引脚：Arduino UNO 板载 6 个模拟输入端口（图 1.2 中蓝色引脚）。

PWM 引脚：14 个数字引脚中有 6 个引脚（3、5、6、9、10、11）可以用作 PWM 控制（Pulse Width Modulation，脉冲宽度调制），实现类似模拟信号的输出效果。

IIC 通信接口：模拟输入引脚中的 A4 和 A5 是 Arduino UNO 板默认的 IIC 通信接口。

中断接口：Arduino UNO 板默认的中断接口为数字引脚 2、3，分别对应中断序号 0、1。

D13 引脚信号指示灯：这个信号灯是 Arduino UNO 板上可通过对 13 号数字引脚编程控制的 LED 灯，在程序设计中可通过编程当做状态指示灯使用，以指示程序的运行状态。

元件连接

将方口 USB 数据线与主控板相连，之后将数据线另一端连接至电脑。

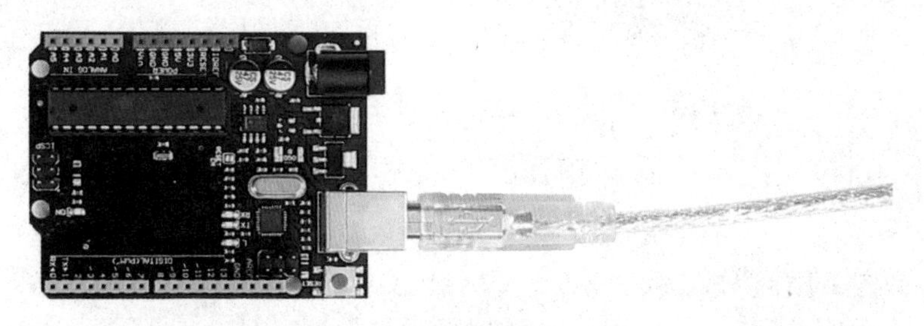

图 1.3

四、程序搭建

Mixly 软件安装

Mixly 软件的安装过程十分简单，只需将从网上下载到的压缩包[①]解压便完成了安装。打开解压得到的文件夹，双击 Mixly.exe 文件就可以打开 Mixly 软件了。

驱动安装

接下来学习一下 Arduino 主控板的驱动安装流程。

如果软件没有自动识别出 Arduino 主控板，就需要手动安装驱动。在“我的电脑”上点击右键，选择“管理”，在弹出的窗口中双击“设备管理器”标签，在右侧“端口”下拉菜单中的“USB 串行设备”上点击右键，选择“更新驱动程序软件”，在弹出的窗口中选择“浏览计算机以查找驱动”，点击“浏览”，定位到刚解压得到的 Mixly 程序文件夹中的“Arduino-1.7.10[②]/drivers/X64”文件夹，点击确定返回，再点击下一步即可。

返回到 Mixly 软件，如果在软件中看到主板型号及端口号，则说明驱动已经安装完成了。

测试程序

那驱动到底有没有装好呢，我们上传一个小程序测试一下。

双击桌面上的 Mixly 图标，打开软件，将 Arduino UNO 板连接到电脑上，这时 Mixly 会自动识别板子的型号及端口，如果识别错误，可以手动选择更改。

点击软件左下菜单中“打开”标签，找到我们提供的测试程序“L1—板载 LED 闪烁 .mix”程序，在确认主板型号及端口正确后，便可以点击“上传”来

---

① Mixly 软件下载地址：http://www.sciclass.cn/uploads/zhuanti/Mixly0.995_WIN.zip。

② 因 Mixly 的版本不同，所使用的 Arduino 2DE 版本也不相同，所以文件夹名称中的数字后缀会有差异。

向 Arduino UNO 板中写入程序了。

等待上传完成后，就可以看到 Arduino UNO 板上的绿色 LED 灯开始有规律地闪烁，这便说明我们的 Mixly 软件及 Arduino 硬件驱动都已正确安装完成了。

五、知识详解

本次课程的重点是软件的下载和驱动安装，首先下载软件安装包，解压文件，之后将 Arduino UNO 板连接到电脑上，安装好硬件驱动，然后打开 Mixly 软件，上传程序即可。

六、练习与挑战

搭建好自己的编程环境，完成 Mixly 软件安装及 Arduino 驱动安装，上传测试程序① 并保证其正常运行。

---

① 测试程序“L1—板载 LED 闪烁示例”程序下载地址：http://download.sciclass.cn/L1.zip。

闪烁的 LED

一、课程介绍

本次课程我们将带领大家制作一个闪烁的 LED 灯，使用图形化编程编写自己的第一段 Arduino 程序。

首先为大家介绍 Arduino 常见硬件的使用方法、功能及特点，并结合 LED 灯的控制讲解重要的控制信号——数字信号。

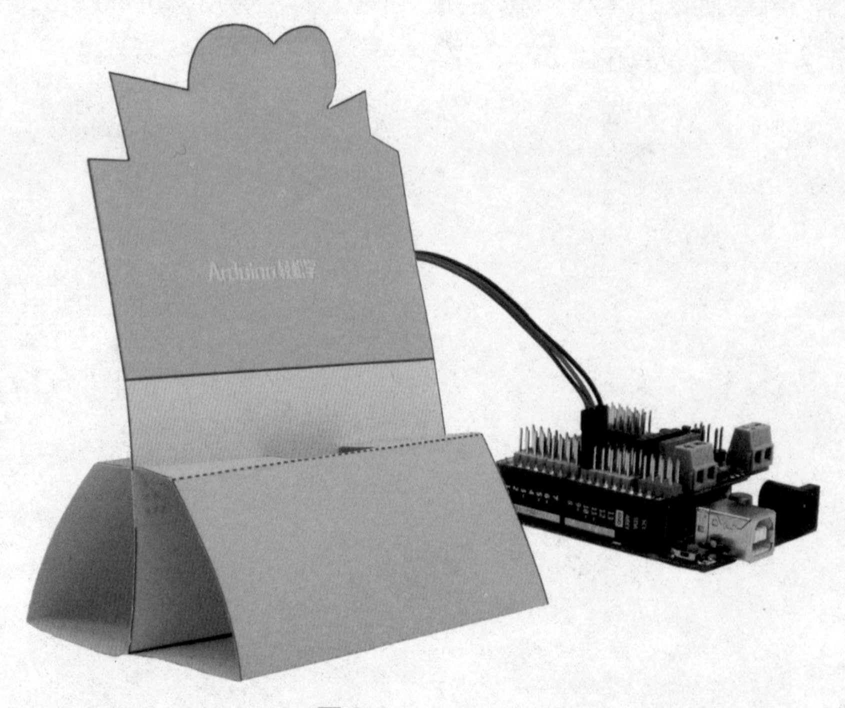

图 2.1

二、知识要点

数字信号与高低电平

三、元件清单及搭建方法

元件清单

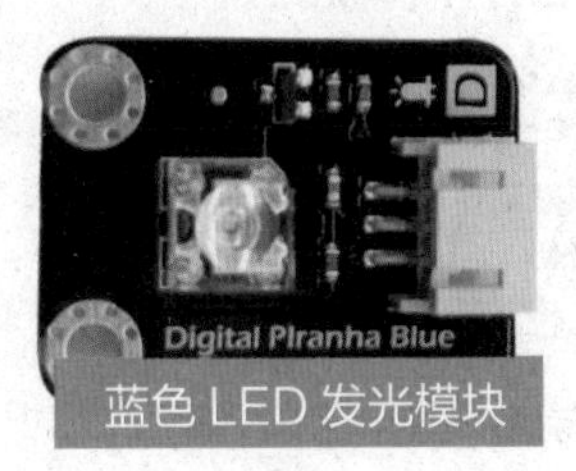

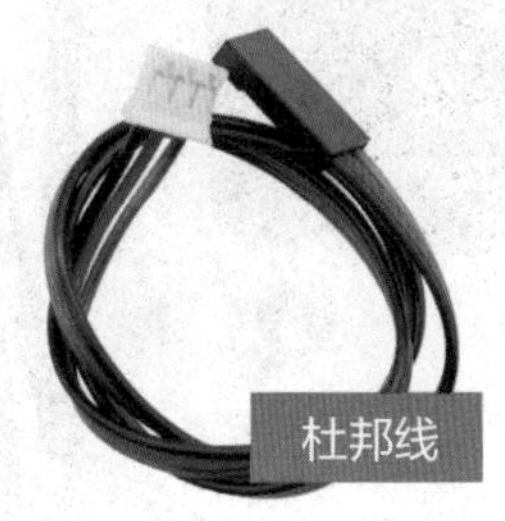

图 2.2

元件介绍

IO 传感扩展板

IO 传感扩展板并未增加 Arduino UNO 板的输入输出引脚数量，其最主要的 3 个功能如下。

（1）为每个引脚扩展出一组正负极供电接口，无需面包板即可轻松驱动元件。

（2）为元件提供更大功率的电源输入（图 2.2 IO 传感扩展板中有两组绿色

的免焊接口，右侧的为独立电源输入接口，左侧的为扩展板输出接口，可满足大功率设备如多路大扭矩舵机的功率需求）。

（3）为其他元件提供直插扩展支持，如本例中的扩展板提供了对 SD 卡座、Xbee 蓝牙等扩展板的直插支持。

蓝色 LED 发光模块

LED 是发光二极管的简称，可以将电能转化为光能。发光二极管具有单向导通的特性，即只允许电流从正极流向负极，所以，使用时注意正负极不要接反。

元件连接

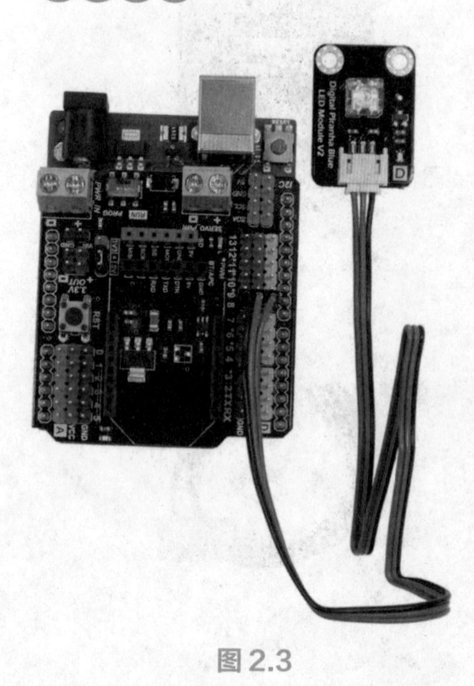

图 2.3

根据以下步骤，连接元件。

（1）将 Arduino UNO 板和 IO 传感扩展板相连，IO 传感扩展板底部有插针，插接的时候需要和 Arduino UNO 板上的插槽对准，之后只需稍加用力，便可将 IO 传感扩展板插紧。

（2）先将蓝色 LED 发光模块上的接口与接线接口对应相连，然后再将另一端插至 IO 传感扩展板上的 8 号引脚处。注意连接线有颜色区分，要与扩展板上的颜色对应一致。这样硬件连接就完成啦！

四、程序搭建

认识模块

数字输出模块

所处位置：“输入 / 输出”栏。

图 2.4

模块功能： 控制对应引脚的数字输出状态，可以将这种控制状态理解为开关，高则为开，低则为关，并且只有高和低两种状态，所以开关非开即关。

延时模块

延时 毫秒 1000

图 2.5

所处位置：“控制”栏。

模块功能： 控制与之相连的前一模块命令执行特定时长。在本例中即代表 8 号端口输出高（或低）电平的持续时间，也就是 LED 灯实际亮（或灭）的时间。若想更改闪烁的频率，可以通过修改模块中的“单位（默认毫秒）”及“数值”来实现。

时间换算关系： 1 秒 =1000 毫秒 =1000000 微秒。

程序全貌及流程图

程序图：

图 2.6

流程图：

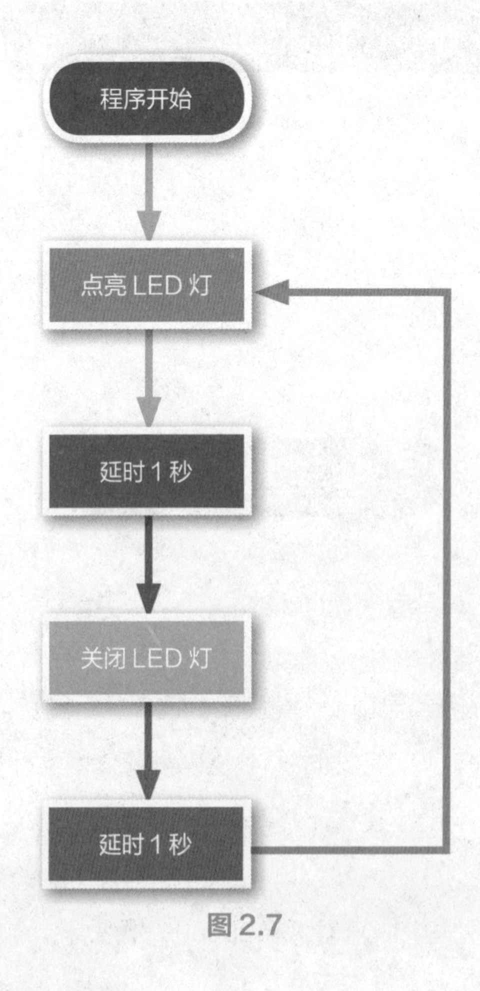

图 2.7

五、知识详解

本次课程中的案例虽然简单，但却是我们实践的第一个 Arduino 案例。一开始我们讲解了数字输出的概念。数字输出只有两种状态："高"和"低"。"高"则点亮 LED 灯，"低"则熄灭 LED 灯。所以我们可以将数字输出的高低两种状态理解为一个开关，通过编程控制开关，而这个开关则可以控制 LED 灯的亮灭。紧跟数字输出模块的是延时模块，相当于"开"或"关"的持续时间。因此，如果我们想让灯亮的时间长一点或熄灭的时间长一点，只需要修改对应延时的时间长短。

通过一个简单的案例，我们就可发现程序是按照自上而下的次序执行的。

关联知识

数字信号与高低电平

数字信号即二进制数字信号，二进制只有 0 和 1，所以数字信号也只有 0 和 1 两种状态，对应关系如下表。

数字信号与对应状态对比表

数字信号	电平信号	开关状态
0	低电平	关
1	高电平	开

六、练习与挑战

课堂练习

（1）分别改变两个延时时间，观察 LED 灯闪烁效果的变化。

（2）将 LED 灯连接至 7 号管脚，修改程序，实现同样的闪烁效果。

进阶挑战

通过编程设计灯光效果。

SOS 求救装置

一、课程介绍

本次课程将带大家制作一个求救信号装置，用程序控制 LED 灯有规律地闪烁，通过灯光信号发送 SOS 求救信号。

课程中将会介绍以下内容。

（1）程序循环的应用场景及如何通过程序循环实现特定程序块重复执行特定次数的效果。

（2）全局变量的应用场景及变量的调用。程序将介绍变量声明、调用模块、循环模块和数学运算模块的应用。

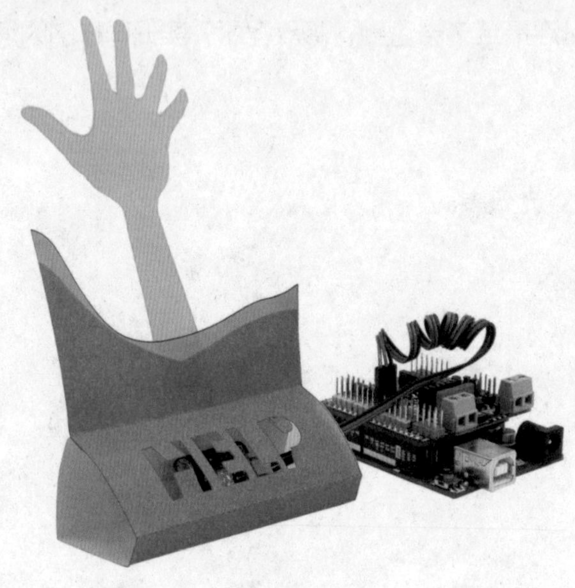

图 3.1

二、知识要点

for 循环

变量及应用

三、元件清单及搭建方法

元件清单

图 3.2

元件连接

根据以下步骤，连接元件。

将 Arduino UNO 板与 IO 传感扩展板相连，然后将蓝色 LED 发光模块接口与接线接口对应相连，再将另一端插至 IO 传感扩展板上的 8 号接口处。

图 3.3

四、程序搭建

认识模块

变量声明模块

声明 delay 为 整数 并赋值 200

图 3.4

模块位置：“变量”栏。

模块作用：声明一个变量并赋值。

调用模块

delay

图 3.5

模块位置：变量声明后会自动出现在“变量”标签内。

模块作用：在程序所需位置调用变量。

循环模块

使用 i 从 1 到 10 步长为 1
执行

图 3.6

模块位置：“控制”栏。

模块作用：用于重复执行特定程序代码指定的次数。

数学运算模块

1 + 1

图 3.7

模块位置：“数学”栏。

模块作用：为程序变量提供加、减、乘、除、取余和幂运算。

程序全貌及流程图

程序图：

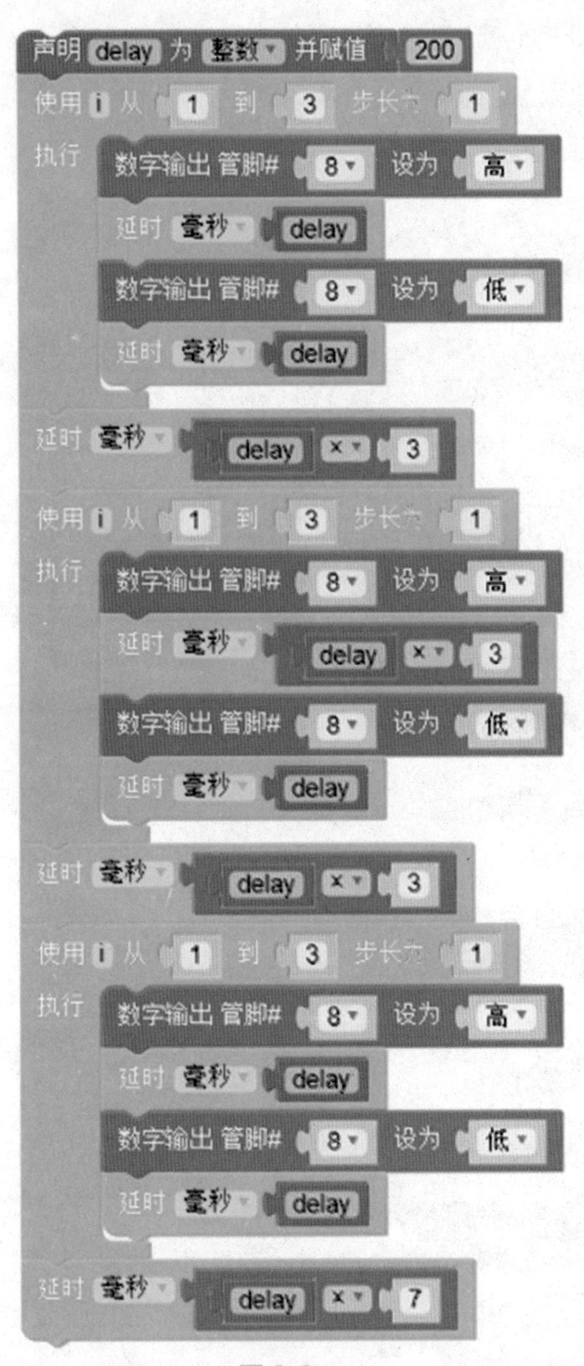

图 3.8

流程图：

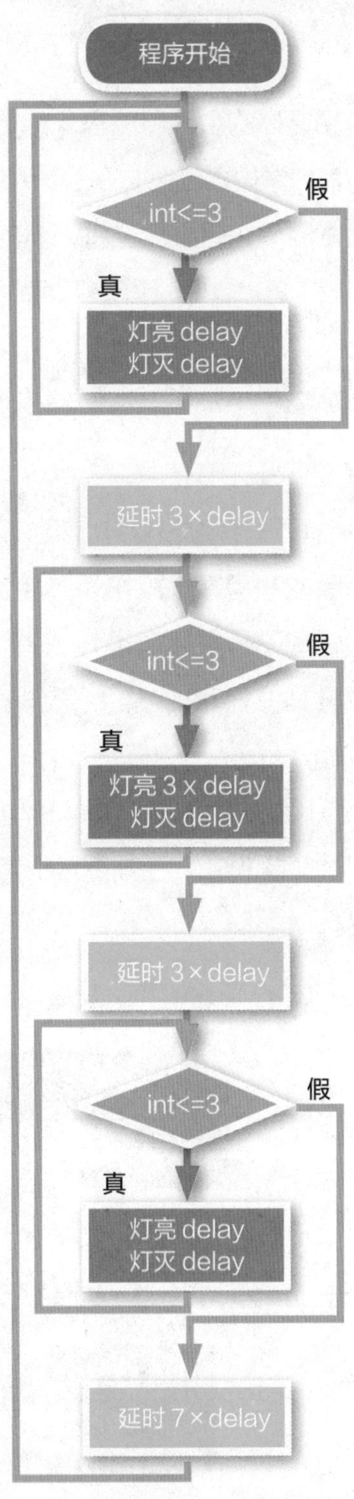

图 3.9

五、知识详解

程序循环的引入可以极大地简化程序代码量，而变量的引入则可以将程序中所有有数学关系的值联系到一起，方便实现批量修改。如本案例中高低电平信号持续的时间，如果需要将闪烁的单位时间间隔延长至 300 毫秒，只需要将程序第一行中的“200”改为“300”即可。

关联知识

for 循环及应用

for 循环是程序设计中常用的循环形式之一，可以控制程序代码执行特定次数。for 循环的实现离不开循环变量 i，在图形化的编程中，变量 i 的数值默认从 1 开始增加，每执行完一次循环程序，i 的值增加步长值（即 i=i+步长，步长默认为 1），如果 i 的值超过了终止值 10，则循环停止，否则继续执行循环内的程序代码。

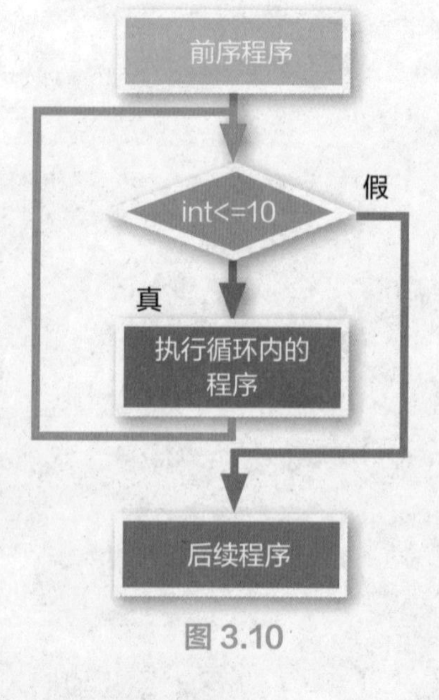

图 3.10

循环变量 i 起始值和步长值可以不为 1

图 3.11

步进值也可以为负值，但必须为整数

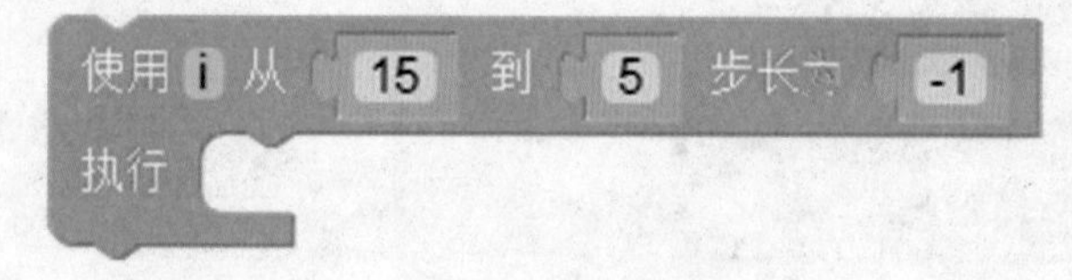

图 3.12

六、练习与挑战

课堂练习

完成 SOS 求救装置制作。

进阶挑战

自己设计灯光闪烁效果并通过编程实现。

交通警示灯

一、课程介绍

本次课程将制作一个交通警示灯，同时实现对多个数字引脚的信号控制。

本节重点讲解局部变量（循环变量）的应用。

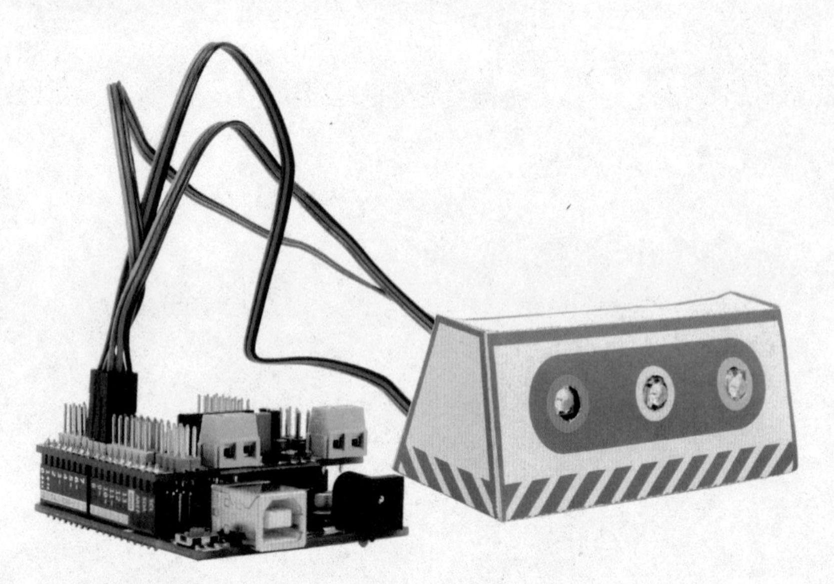

图 4.1

二、知识要点

程序循环

变量应用（局部变量）

三、元件清单及搭建方法

元件清单

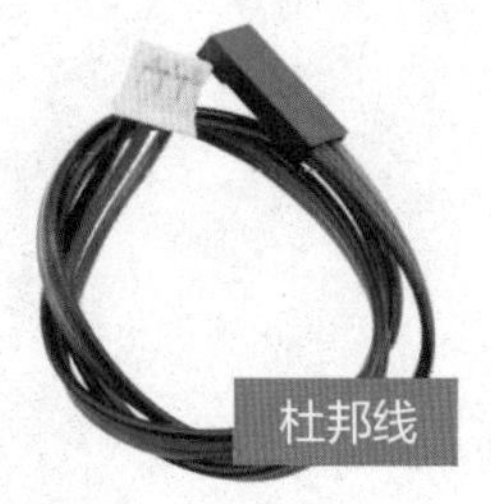

图 4.2

元件连接

连接好 IO 传感扩展板和 Arduino UNO 板后，将 3 个 LED 发光模块依次连接在 5、6、7 三个数字引脚上，连接好的元件如图 4.3 所示。

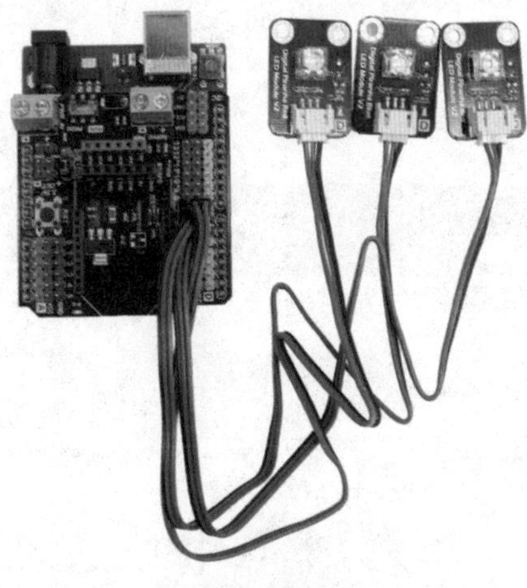

图 4.3

四、程序搭建

程序全貌及流程图

标准尾灯

程序图：

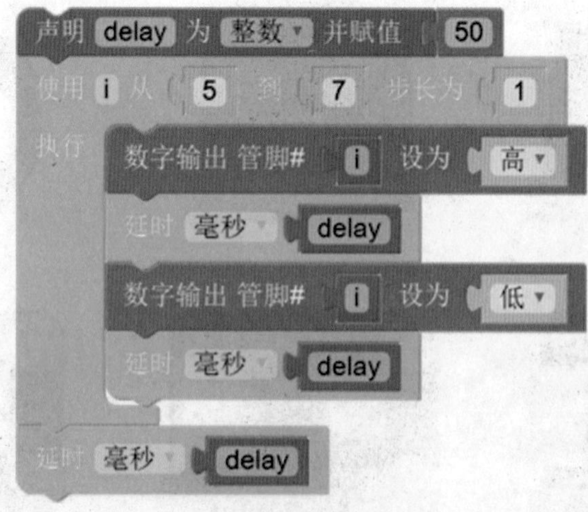

图 4.4

流程图：

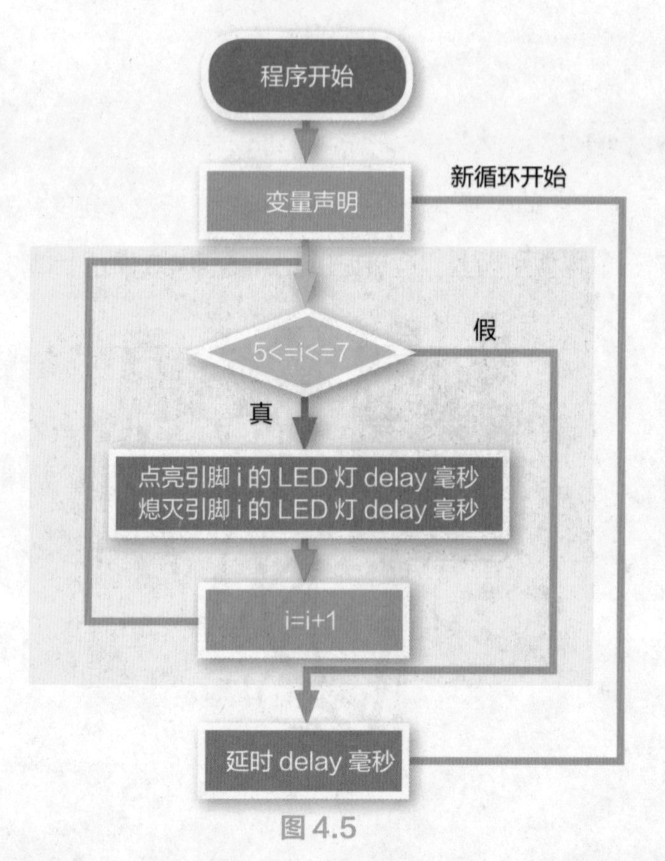

图 4.5

变速尾灯

程序图：

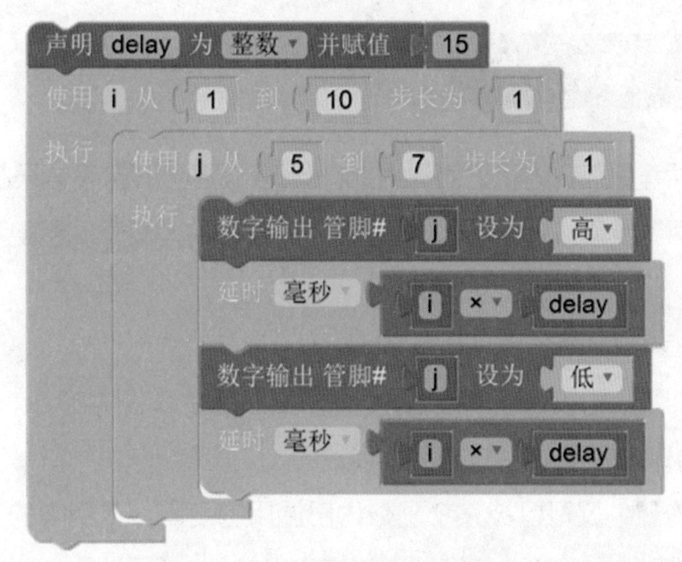

图 4.6

流程图：

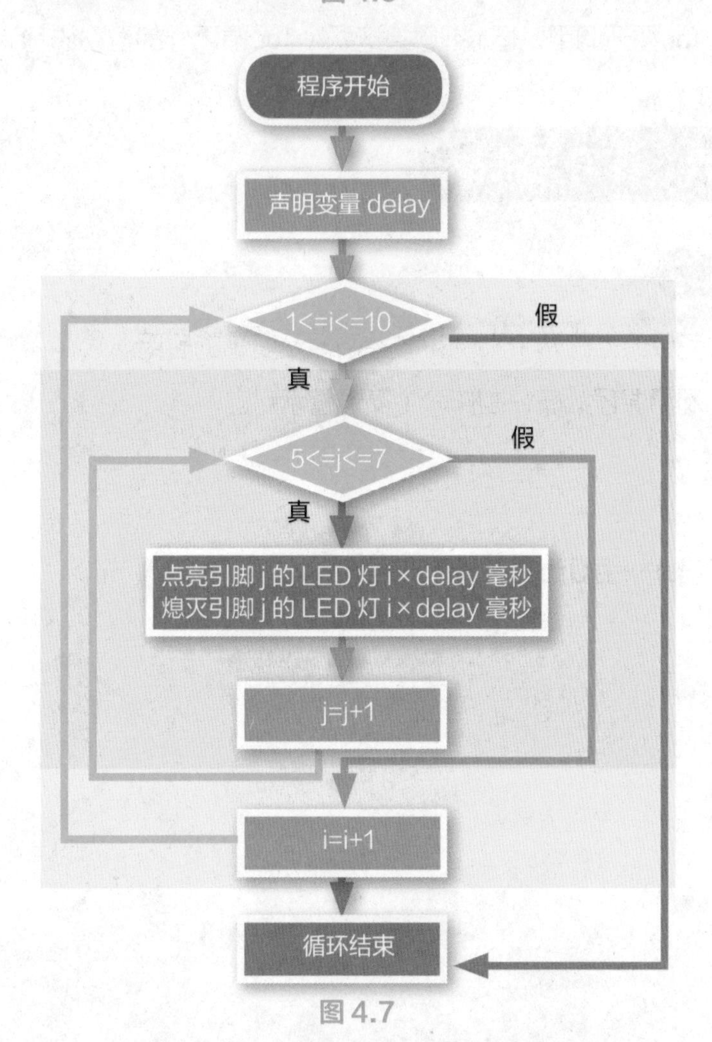

图 4.7

五、知识详解

本次课程重点介绍了如何利用 for 循环实现多引脚数字信号的输出控制，同时，通过两个嵌套的 for 循环，两个循环变量 i 与 j，实现了更复杂的输出控制。

关联知识

全局变量：可以被程序任何语句调用的变量。本例中的 delay，可以被任何一个 for 循环内的延时函数直接调用。

局部变量：仅可以被某个函数内部调用的变量。本例中的循环变量 i 和 j，循环变量 i 在外，j 在内，所以 j 只能被自身的 for 循环调用，而 i 变量则可以被内外两个 for 循环调用，但 i 不可被这两个 for 循环外的程序语句调用。

六、练习与挑战

课堂练习

（1）完成课上的两个案例，掌握循环及变量的应用。

（2）利用课程纸模，制作一个交通警示灯。

进阶挑战

自己设计一组灯光秀并通过编程实现。

模拟输入、数值映射与串口监视器

一、课程介绍

数字信号仅有两种状态，表现为电压信号为 5 伏与 0 伏。但生活中的很多变化，如温度高低变化、声音强度变化、电机转速变化等，都是连续而无法利用数字信号来表达的，而这正是模拟信号的应用场景。

模拟信号的电压可在 0~5 伏连续变化。

二、知识要点

模拟输入

数值映射

串口监视器

三、元件清单及搭建方法

元件清单

Arduino UNO 板

IO 传感扩展板

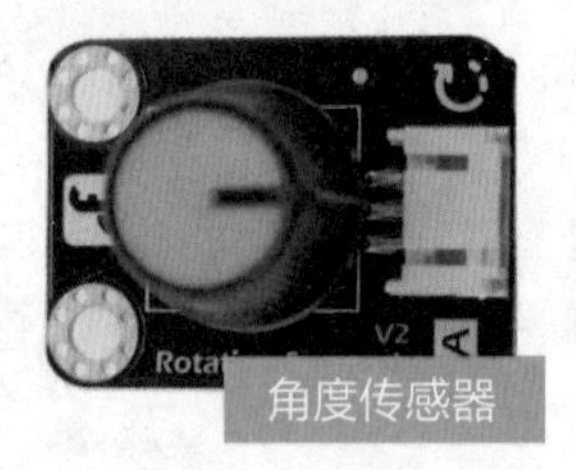

图 5.1

元件介绍

角度传感器

角度传感器又称旋转电位器，实为一个阻值为 10 千欧的旋转电阻。3 个引脚自左至右分别与 Arduino UNO 板上的正极（5 伏）、模拟输入端口、负极（GND）相连。

当处在不同角度值时，端口 VCC、OUT 之间电阻阻值不同，按照物理学的分压定律，触脚返回的电压值也在 0~5 伏（取决于电路输入电压）变化，Arduino UNO 板的模拟端口根据返回的电压数值与输入电压之间的比例关系，将电压换算成 0~1023 的具体数值，此数值即为模拟数值。

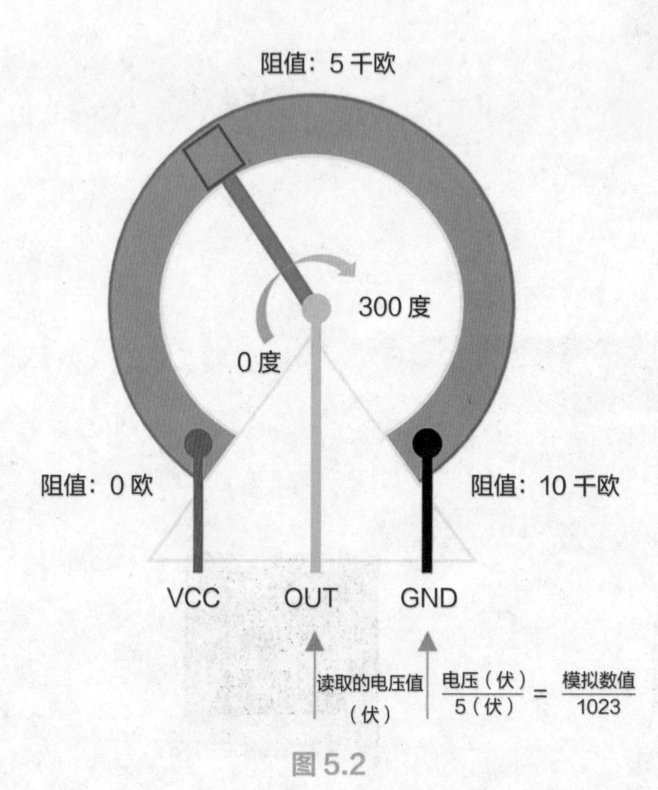

图 5.2

角度传感器旋转角度为 0~300 度，对应返回电压为 0~5 伏，对应模拟信号读数为 0~1023。

元件连接

将角度传感器连接至模拟引脚区域的 A0 端口，注意正负极要对应。

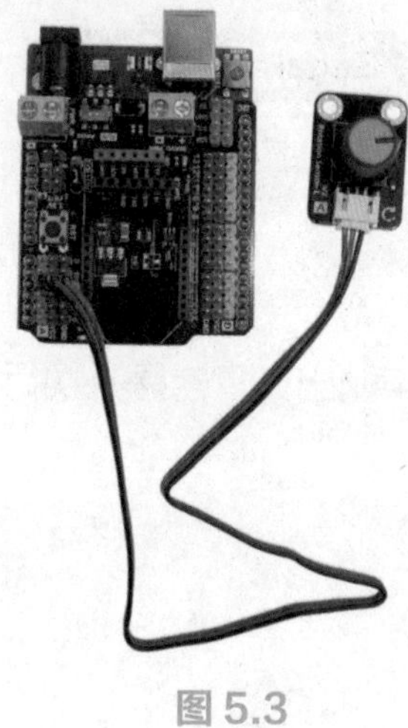

图 5.3

四、程序搭建

认识模块

赋值模块

angle 赋值为

图 5.4

模块位置：“变量”栏，在变量声明后自动出现。

模块作用：将模块后接的运算结果传递给变量 angle。

打印（串口）模块

Serial 打印（自动换行）

图 5.5

模块位置：“串口”栏。

模块作用：在串口监视器中输出文本信息。

换行打印模块

Serial 打印

图 5.6

模块位置：“串口”栏。

模块作用：在串口监视器中输出文本信息并换行（相当于加了一个回车）。

程序全貌及流程图

程序图：

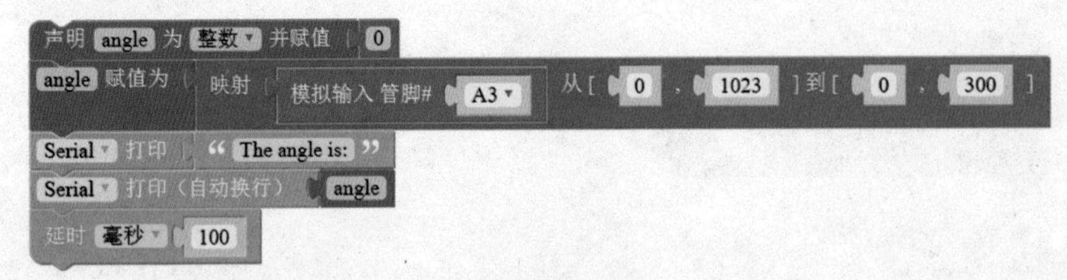

图 5.7

流程图：

试着根据之前学习过的流程图，在下面的空白处画出本次课程的程序流程图。

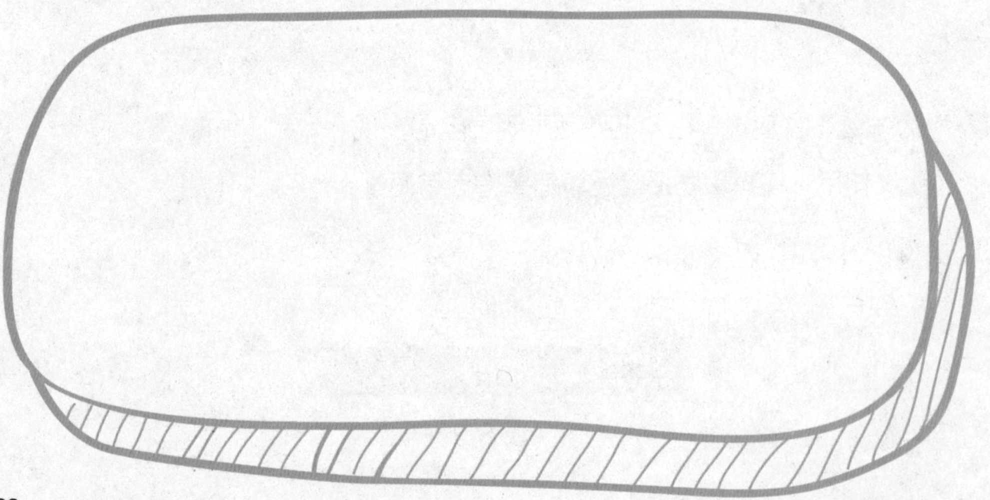

本次课程结合套件里的角度传感器，为大家讲解了模拟信号的获取、数值的处理以及信息在串口监视器内输出显示的方法。这个例子虽然简单，但包含了智能硬件功能交互设计的基本框架：信号获取、信息处理与结果反馈输出。后续所有课程案例都将在这个框架基础上不断丰富。

关联知识

模拟信号

与数字信号的高低电平仅有高（HIGH，5 伏）和低（LOW，0 伏）两种电压状态不同，模拟信号的电压可以在 0~5 伏变化，为了能较为精准地获取返回的电压信号，Arduino 将其切分成 2^{10} 共 1024 级，每级对应 0~1023 的一个整数数值。

$$\frac{\text{电压（伏）}}{5\text{伏}}=\frac{\text{模拟数值}}{1023}$$

这种连续的数值变化可供我们获取诸如角度、温度、光线强度、声音强度等连续变化的传感器数值。

串口监视器

电脑与 Arduino 主控板之间使用串口通信，主板上的 RX/TX 指示灯指示的就是串口通信过程中的信息接收（Receive）与发送（Transmit）。串口监视器是 Arduino 编程环境中建的一个通信显示窗口，可以通过串口监视器显示或发送数据。本例中的“打印”和“打印（自动换行）”模块便可实现信息在串口监视器中的显示。

在编程调试过程中，通过串口监视器监测变量数值变换，可以提高程序设计，尤其是程序排错的效率。

六、练习与挑战

课堂练习

完成课程案例编写。

进阶挑战

使用 LM35 温度传感器制作一个温度计。

LM35 是目前广泛应用的温度传感器，与角度传感器相同，输出的温度信号数值与温度变化呈线性正相关，温度每上升 1℃，返回电压增加 10 毫伏。

$$\frac{V_{\text{模拟端口读数}}}{1023}=\frac{V_{\text{电压}}}{5\text{伏}}=\frac{T℃\times 10\text{毫伏}/℃}{5\text{伏}\times 100\text{毫伏}/\text{伏}}$$

即：

$$T=V_{\text{模拟端口读数}}\times 10\times 5/1023$$

调光台灯

一、课程介绍

本次课程将制作一个调光台灯，通过旋转角度传感器来实时调整台灯亮度。

课程中将学习模拟的信号输出—— PWM（Pulse Width Modulation，脉冲宽度调制信号）的相关知识。同时将介绍模拟输出模块的使用方法。

图 6.1

二、知识要点

模拟输出

PWM 控制

三、元件清单及搭建方法

元件清单

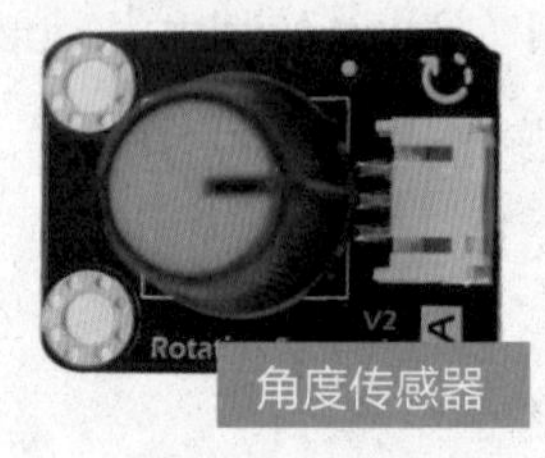

图 6.2

元件连接

先将 LED 发光模块连接到 3 号数字引脚，再将角度传感器连接到模拟引脚 A0 上，需要注意的是，IO 传感扩展板上数字引脚与模拟引脚的正负极以及信号线的排列顺序完全相反，不要接错了。

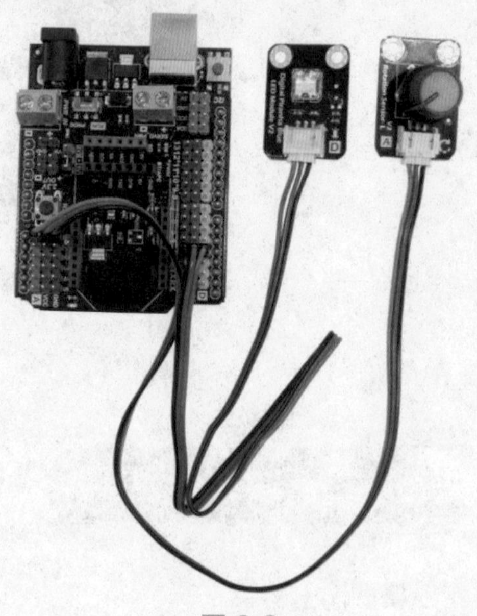

图 6.3

四、程序搭建

认识模块

模拟输出模块

模拟输出 管脚# 3 赋值为 0

图 6.4

模块位置：“输入 / 输出”栏。

模块功能：向指定端口输出 PWM 信号。

Arduino UNO 板上仅有 6 个数字端口（3、5、6、9、10、11）可以实现 PWM 输出。

PWM 输出数值范围为 0~255。

程序全貌及流程图

程序图：

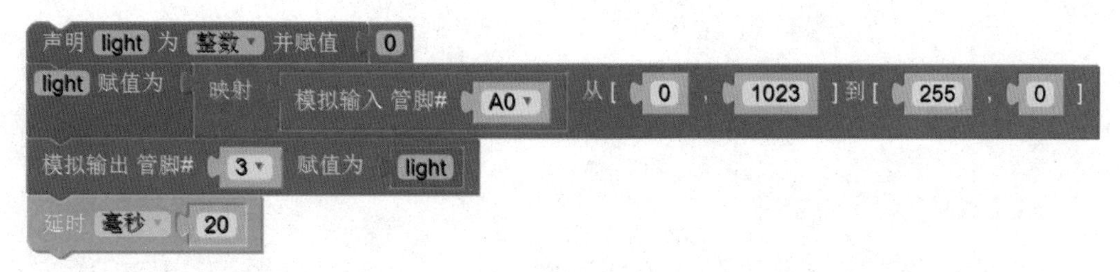

图 6.5

流程图：

在下面空白处试着画出本次课程的程序流程图。

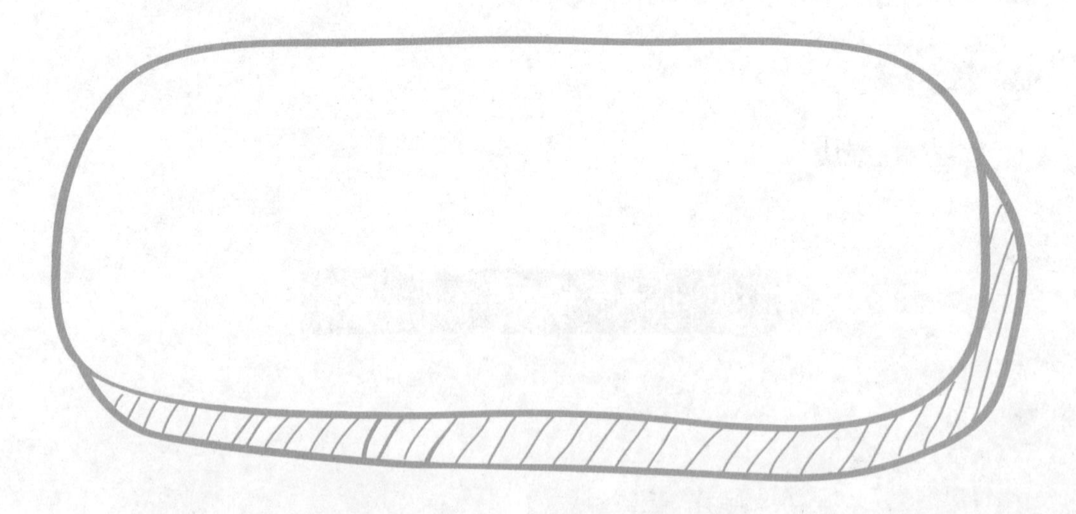

五、知识详解

本次课程的重点是模拟信号。需要强调的是，Arduino 无法输出真正的模拟信号，而是通过 PWM 信号，也就是脉冲宽度调制信号来实现模拟信号的输出效果。

PWM 信号实际上是数字信号，通过调整快速切换的高低电平的占空比来实现类似模拟信号的输出效果。信号的输出值域为 0~255，所以程序中需要使用映射来进行数值的变换。

关联知识

模拟输出与 PWM 调制

模拟信号输出的电压值在 0~5 伏变化，但 Arduino UNO 板的输出端口均为数字端口，仅能输出高（5 伏）和低（0 伏）两种电压值，所以 Arduino UNO 板无法输出真正的模拟信号。

Arduino 程序内建的模拟输出是通过 PWM 脉冲宽度调制的方法，用高低电平不断切换的数字脉冲信号来模拟模拟信号。在讲解 PWM 之前要先了解两个概念：脉冲周期及占空比。

脉冲周期： 相邻两次脉冲之间的时间间隔，脉冲周期的倒数即脉冲频率。

占空比： 在一次脉冲周期内高电平持续时间与脉冲周期的比值。

在一个脉冲周期内，若占空比为 50%，则相当于灯全亮半个周期，之后熄灭半个周期。Arduino 的 PWM 信号脉冲周期仅为 0.002 秒，即每秒 500 个脉冲周期，由于人眼的视觉残留效果，呈现出的视觉效果相当于 50% 的亮度。而此时 PWM 等效输出电压 V=5 伏 × 占空比 =5 伏 ×50%=2.5 伏。

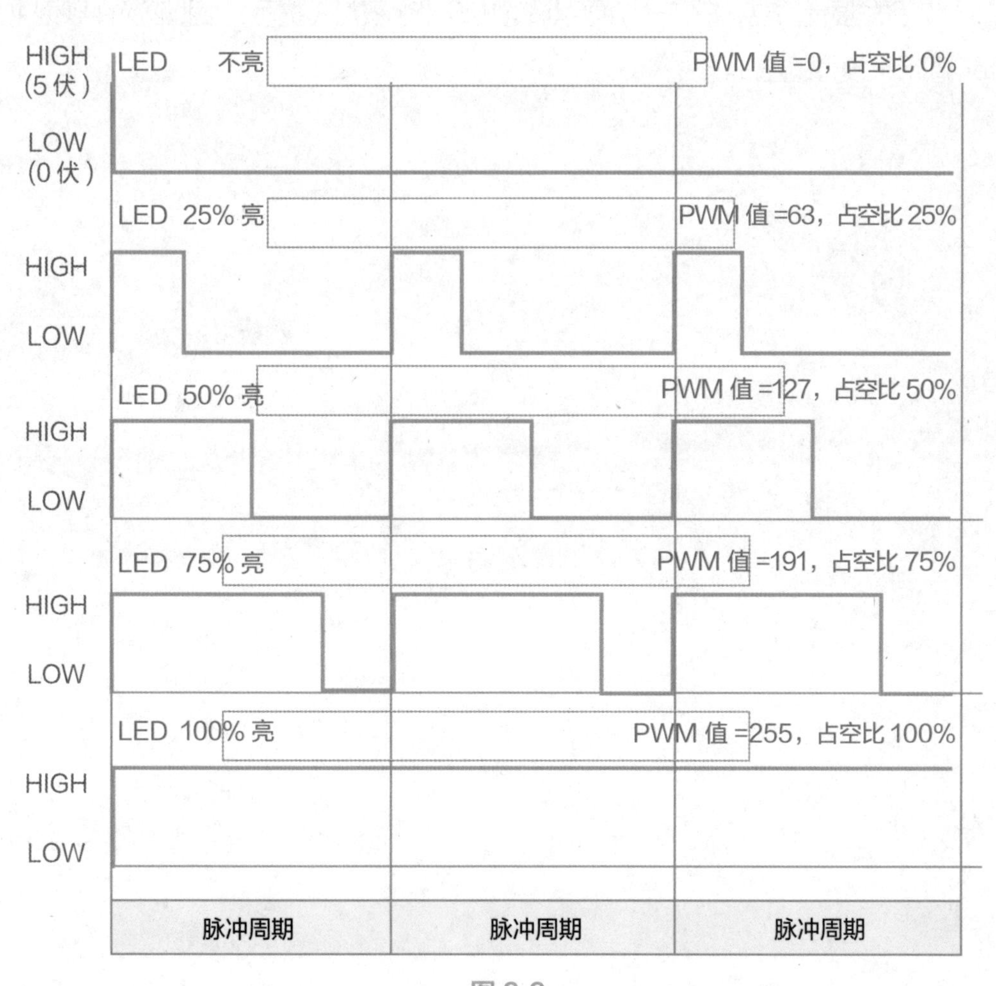

图 6.6

六、练习与挑战

课堂练习

完成课堂练习，配合纸模，制作一盏调光台灯。

进阶挑战

制作一盏呼吸小夜灯（提示：for 循环 + 模拟输出）。

结合角度传感器，制作一个可以调速的呼吸小夜灯（提示：模拟输入+映射+for 循环 + 模拟输出）。

门铃：逻辑判断与数字输入

一、课程介绍

本次课程将制作一个按键门铃。按下按键，门铃响起；松开按键，声音停止。

课程中将讲解程序的分支结构，数字信号的获取方法，布尔的概念及应用。硬件将介绍按钮模块及蜂鸣器模块的工作原理、连线方式和使用方法。

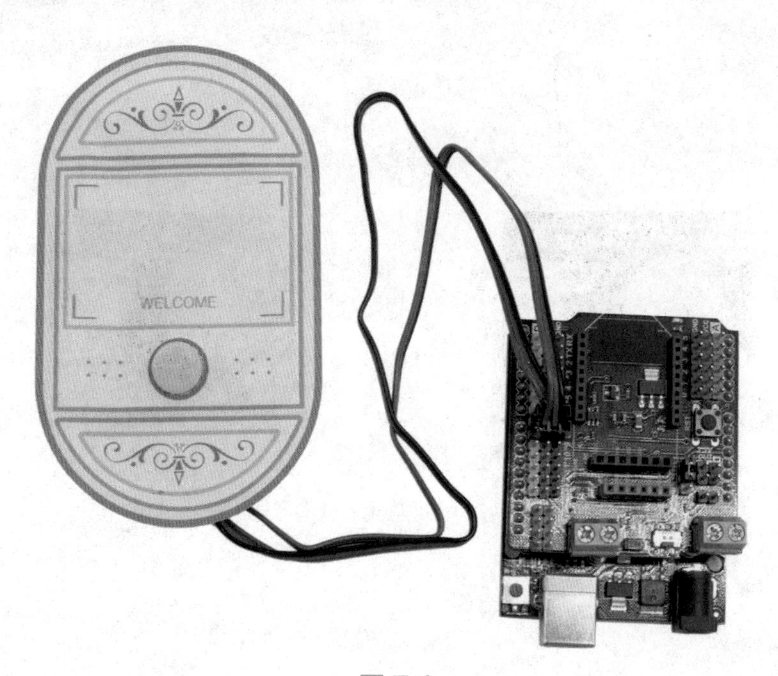

图 7.1

二、知识要点

程序分支

数字输入

三、元件清单及搭建方法

元件清单

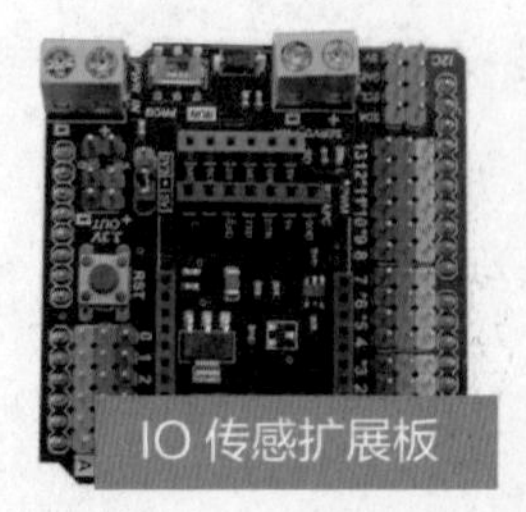

图 7.2

元件介绍

按钮模块

按钮模块为数字输入模块，默认为弹起状态，电平状态为低电平，按下后向 Arduino UNO 板输出高电平信号。

蜂鸣器模块

蜂鸣器模块为数字输出模块，收到高电平信号发出蜂鸣声，收到低电平信号则静音。

元件连接

用连接线将按键连接至 7 号数字引脚，将蜂鸣器连接至 8 号数字引脚。

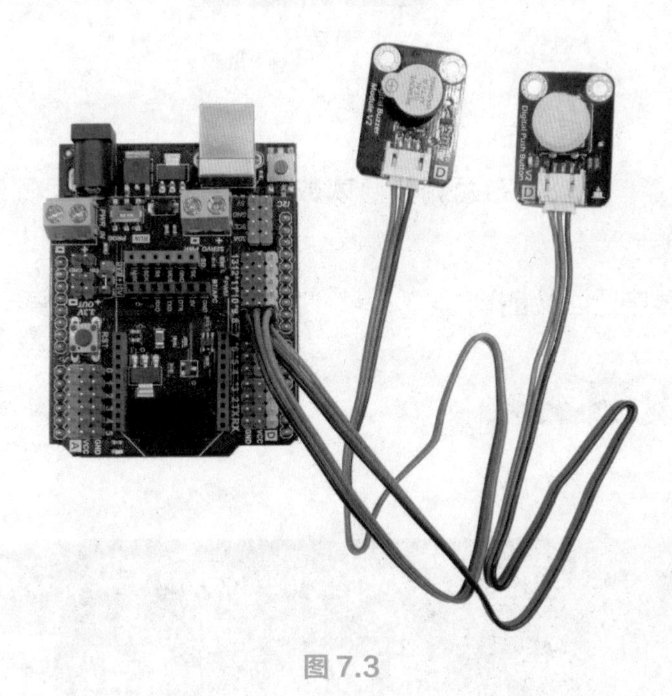

图 7.3

四、程序搭建

认识模块

If/else 条件选择模块

图 7.4

所处位置：“控制”栏。

模块功能：当给定的表达式（“如果”后的语句）为“真”时，执行对应的语句。

布尔判断

图 7.5

所处位置：“逻辑”栏。

模块功能：比较左右两侧数值或数据是否相等，若两侧值相等则返回“真”，否则返回“假”。

下拉列表中还可以选择“>”“≥”“<”“≤”“≠”等运算符号进行判断。

程序全貌及流程图

程序图：

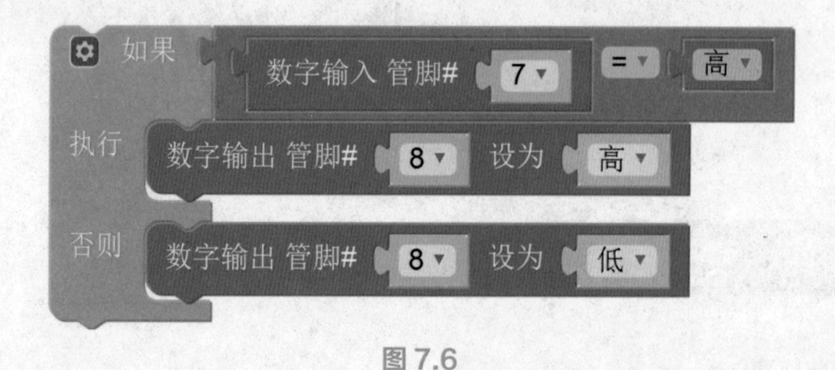

图 7.6

流程图：

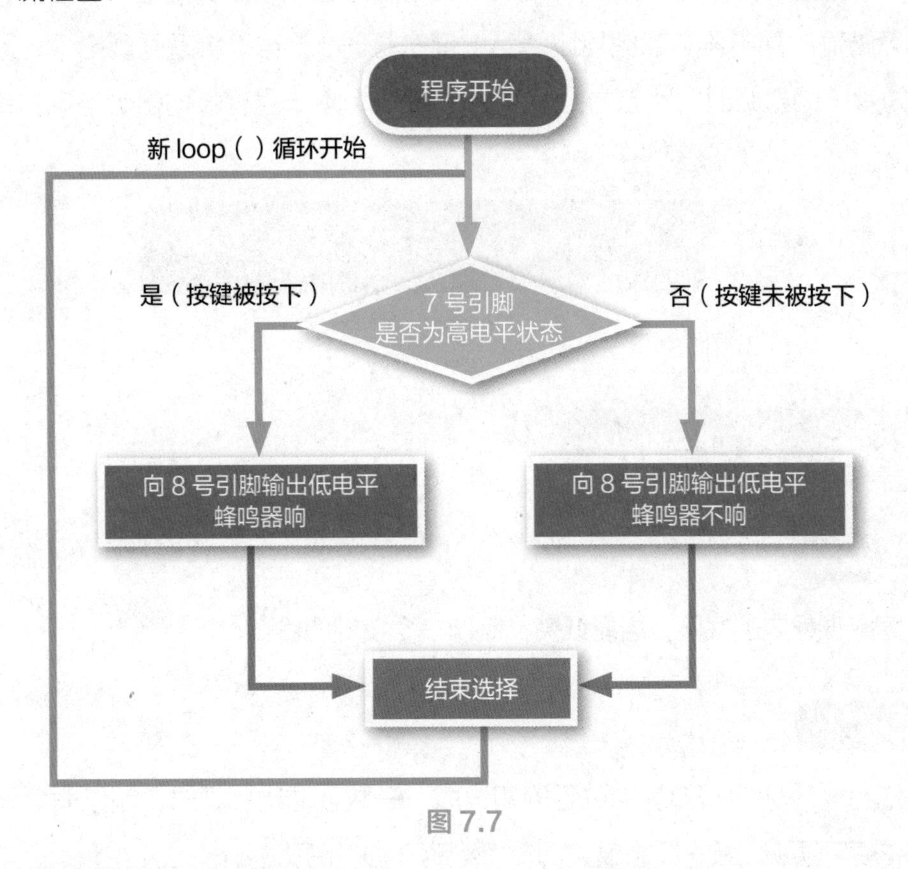

图 7.7

五、知识详解

本次课程的重点是 if/else 条件判断。条件判断，为程序引入了分支结构，可以根据不同的传感器状态及交互行为执行不同的程序指令。分支结构的引入，并未改变之前的“信号获取—信息处理—结果反馈输出”的流程，而是丰富了信息处理过程，为程序设计增加了更多的可能性。

关联知识

真与假

真（True）与假（False）是布尔运算的两种结果。

“3>5”为假，“5>3”为真。“1 是偶数”为假，“15 能被 3 整除”为真。

所以在本例中，当按键按下时，5 号管脚返回高电平，则图 7.8 为真，向 8 号管脚输出高电平，蜂鸣器响。当按键松开时，5 号管脚返回低电平，则图 7.8 为假（因为此时的状态为“低” ≠ “高”），向 8 号管脚输出低电平，蜂鸣器不响。

图 7.8

六、练习与挑战

课堂练习

完成课程中的案例，搭配纸模，制作一个按键门铃。

进阶挑战

结合《闪烁的 LED》中讲到的知识点——数字输出与延时，制作一个延时门铃，使它实现“按一下按键，门铃持续响 3 秒”的功能。

状态指示灯：布尔运算

一、课程介绍

本次课程将制作一个状态指示灯，按一下按键，指示灯亮起；再按一下按键，指示灯熄灭。

课程中将会讲解程序设计过程中常用的“且”“或”“非”三种布尔运算。

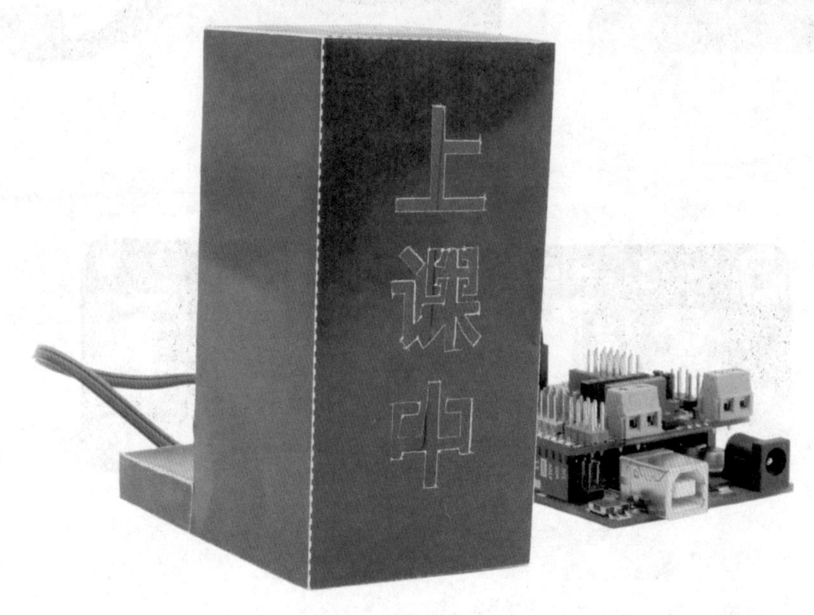

图 8.1

二、知识要点

程序分支

布尔运算

三、元件清单及搭建方法

元件清单

Arduino UNO 板

IO 传感扩展板

杜邦线

蓝色 LED 发光模块

按钮模块

图 8.2

元件连接

将按钮模块连接至 5 号数字引脚，将蓝色 LED 发光模块连接至 8 号数字引脚，硬件连接就完成了。

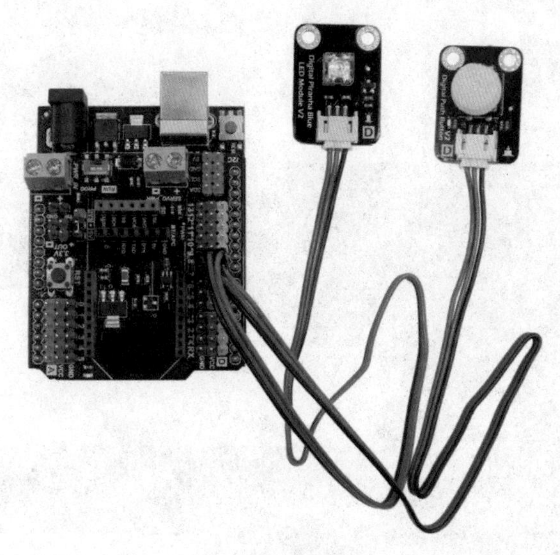

图 8.3

四、程序搭建

认识模块

布尔运算："且"或"或"运算

图 8.4

所处位置： 逻辑。

模块功能： 对模块左右的布尔值进行"且"或"或"运算。

布尔运算："非"运算

图 8.5

所处位置： 逻辑。

模块功能： 对模块左右的布尔值进行"非"操作。

程序全貌及流程图

程序图：

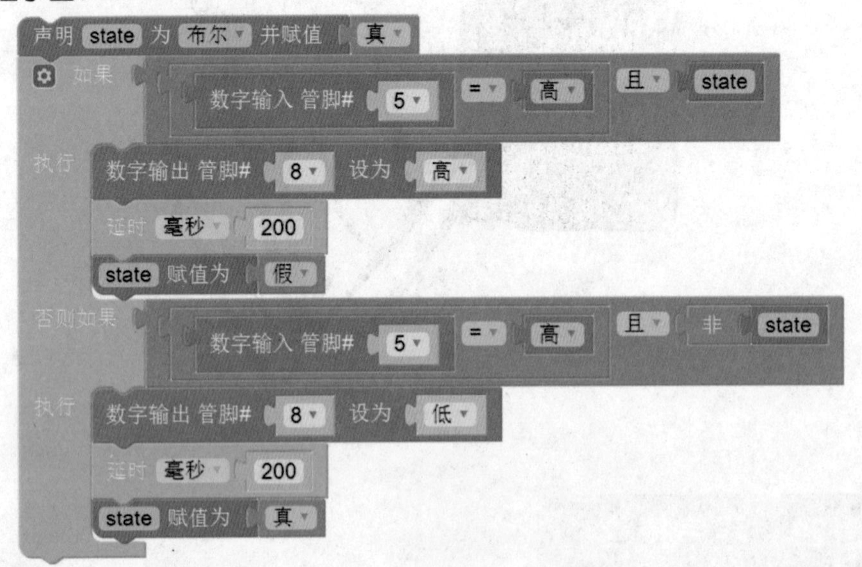

图 8.6

流程图：

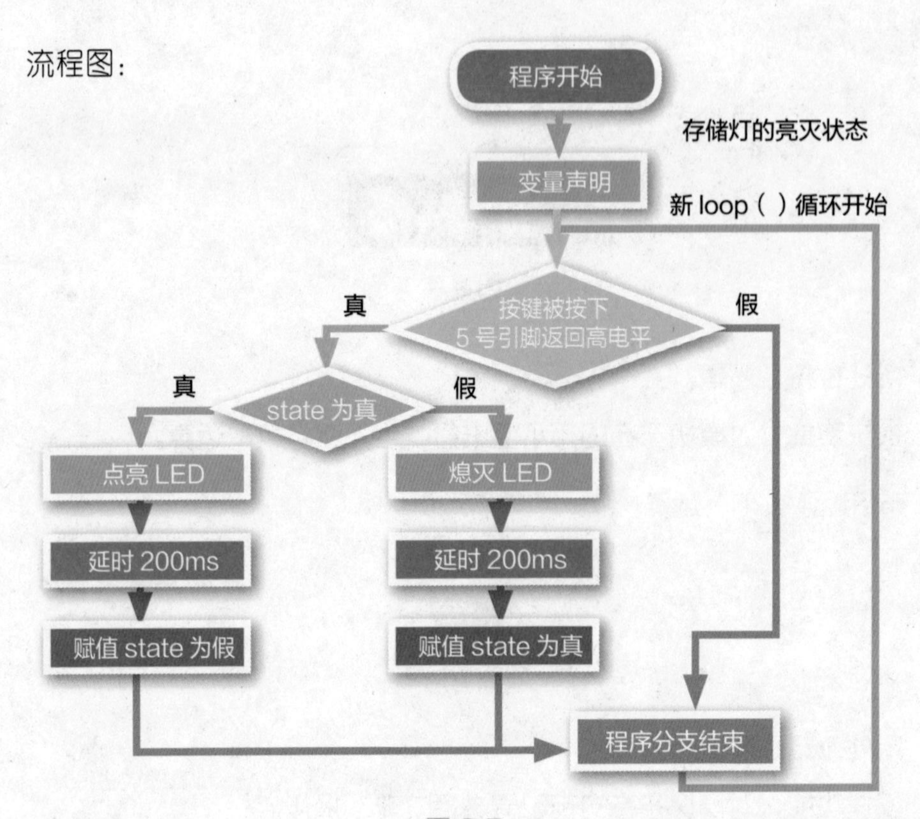

图 8.7

五、知识详解

关联知识

状态变量

在本例中，变量 state 为状态变量，记录灯的开关状态与按键状态（5 号引脚的高低电平状态）一起，决定了具体执行的程序分支语句。

布尔变量，仅有“真”“假”两种状态，如果需要多种状态的记录与切换，可以使用整数变量，如 0、1、2、3 分别对应 4 种状态。

布尔运算

（1）“且”运算。

参与运算的布尔值均为真时，结果为真。

参与运算的布尔值中有一个为假时，结果为假。

真且真为真，真且假为假。

（2）“或”运算。

参与运算的布尔值中只要有一个真时，结果为真。

参与运算的布尔值均为假时，结果为假。

如真或假为真，真或真为真，假或假为假。

（3）“非”运算。

非真即假，非假即真。

六、练习与挑战

课堂练习

结合纸模，完成课程案例。

进阶挑战

制作一个灯效切换灯：按一下按键，灯亮；再按一下按键，呼吸灯效果；再按一下按键，灯灭。

超声波测距仪：脉冲长度检测

一、课程介绍

本次课程将制作一个超声波测距仪，实现实时的距离检测及 LCD 显示。

课程中将讲解一种新的通信方式—— IIC 通信和脉冲信号长度检测的方法。硬件将介绍超声波测距仪的原理和 LCD 液晶屏的连线方式，行、列显示顺序及显示特性等。程序将介绍初始化模块、LCD 初始化模块、液晶屏功能设置、内容显示模块，超声波测距模块、脉冲宽度检测模块等的应用。

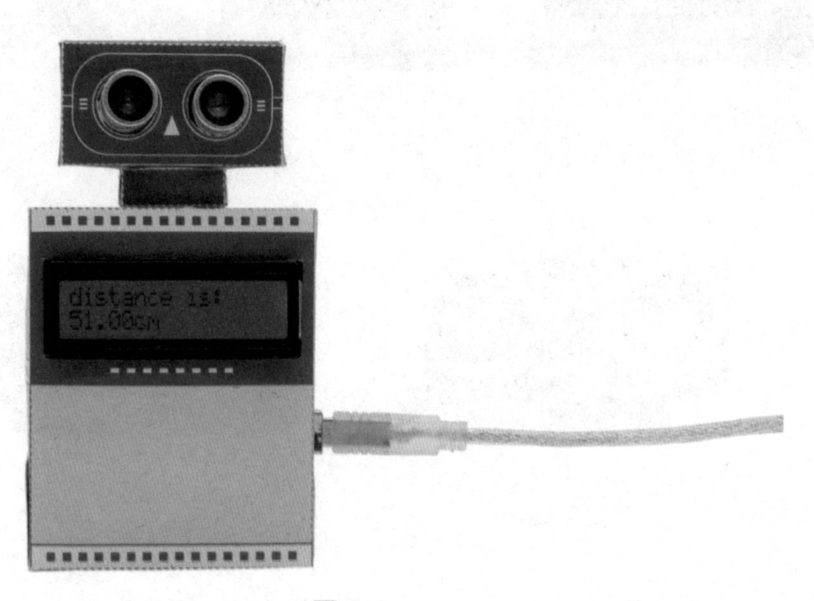

图 9.1

二、知识要点

设备初始化

LCD 液晶显示器的使用

脉冲长度检测

三、元件清单及搭建方法

元件清单

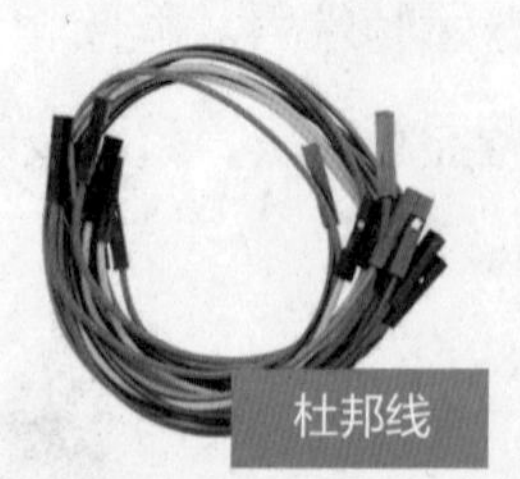

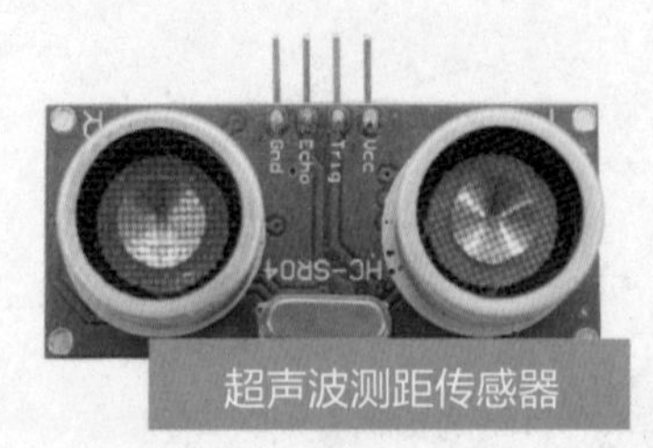

图 9.2

元件连接

元件连接需要标准母对母杜邦线。首先将超声波测距传感器的 VCC、GND

连接至 IO 传感扩展板上的任意正负极引脚上，再将超声波测距传感器的 Trig、Echo 引脚分别连接至 IO 传感扩展板上 8 号和 7 号引脚对应的绿色数据针脚上。

接下来连接 LCD1602 液晶显示屏。先将其与杜邦线相连，接下来将超声波测距传感器的 VCC、GND 连接至模拟端口区域对应的正负极引脚上，将时钟总线 SCL 连接到模拟引脚 A5 对应的蓝色引脚上，将数据总线 SDA 连接至 A4 对应的蓝色引脚上。

IIC 设备也可以直接连到 IO 传感扩展板右上的 IIC 专用排针上（两排蓝色排针）。

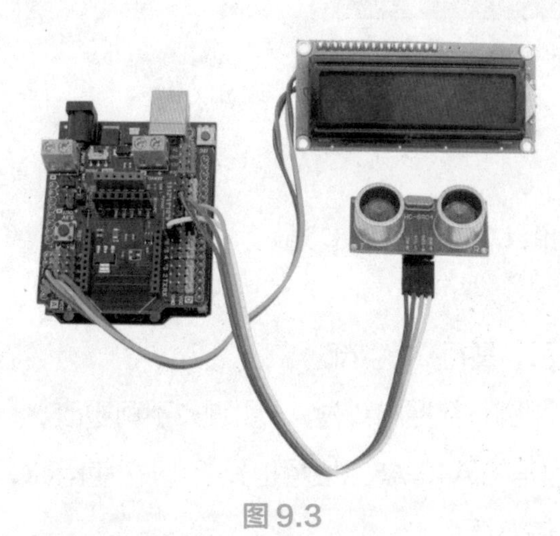

图 9.3

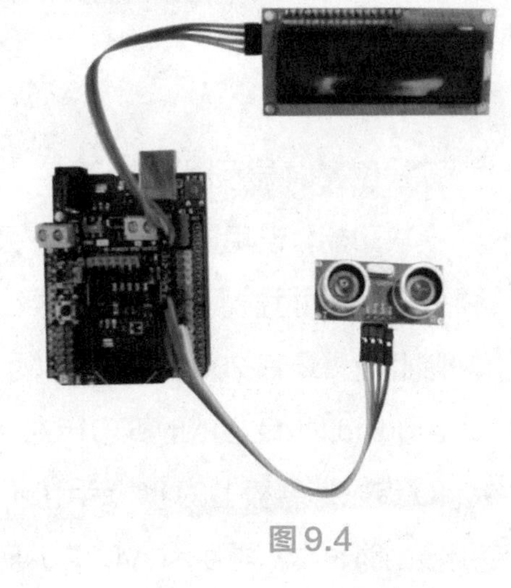

图 9.4

四、程序搭建

认识模块

初始化

模块位置：“控制”栏。

模块功能：初始化设备及变量。

图 9.5

该模块对应 Arduino 程序中的“setup( )”函数，该函数内的命令在设备通电启动后仅执行一次，所以通常在此函数内进行设备初始化、串口通信频率、端口模式等设定操作。

变量声明虽然可以放到该模块内，但在实际的 Arduino 代码中，变量声明语句并不在“setup( )”函数内。

LCD 初始化

图 9.6

模块位置：“显示器”栏。

模块功能：设定显示器类型，初始化 LCD，建立 IIC 通信。

1602：两行显示，每行 16 字符。

除此之外还有 2004 型，即 4 行显示，每行 20 字符。

Arduino UNO 板的时钟总线为 A5 引脚，数据总线为 A4 引脚，不可更改。

IO 传感扩展板上的 IIC 专用接口也是由 A4、A5 引脚引出，所以在使用 IIC 专用接口时，请勿再使用 A4、A5 连接传感器。

0x27 为课程所用套件的 LCD 液晶屏地址，此 LCD 液晶屏为第三方的 IIC 协议，地址默认为 0x27 不用更改，可以通过短接屏幕背面接口板上的 A0、A1、A2 接口调整 IIC 地址。

液晶显示屏功能设置

图 9.7

模块位置：“显示器”栏。

模块功能：设置液晶显示屏的功能，如屏幕开、关、光标显示、背光闪烁、清屏等操作。

液晶屏内容显示

图 9.8

模块位置：“显示器”栏。

模块作用：设定显示的内容及内容首字母的行、列位置。

行数自下而上数，列数自左向右数。

超声波测距

图 9.9

模块位置：“传感器”栏。

模块功能：测量超声波测距模块返回的脉冲长度信号并换算成对应距离。

文本连字符

图 9.10

模块位置：“文本”栏。

模块功能：将左右两侧的字符串连接成一个字符串。

Distance 为浮点型（Mixly 中描述为小数类型）变量，先转变为字符串，再与“cm”相连成为新字符串。注意，数字“5 ≠”字符“5”，符号相同类型不同，意义也不相同。

脉冲宽度检测

脉冲长度（微秒）管脚# 7 状态 高

图 9.11

所处位置：“输入 / 输出”栏。

模块作用：检测对应管脚返回高电平的持续时间。

程序全貌及流程图

程序图：

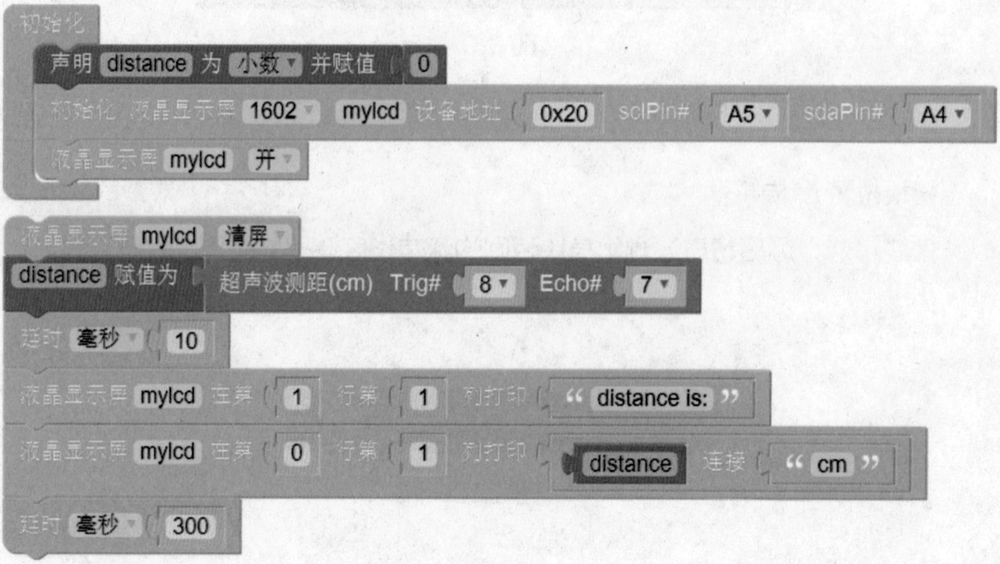

初始化
声明 distance 为 小数 并赋值 0
初始化 液晶显示屏 1602 mylcd 设备地址 0x20 sclPin# A5 sdaPin# A4
液晶显示屏 mylcd 开

液晶显示屏 mylcd 清屏
distance 赋值为 超声波测距(cm) Trig# 8 Echo# 7
延时 毫秒 10
液晶显示屏 mylcd 在第 1 行第 1 列打印 “distance is:”
液晶显示屏 mylcd 在第 0 行第 1 列打印 distance 连接 “cm”
延时 毫秒 300

图 9.12

流程图：

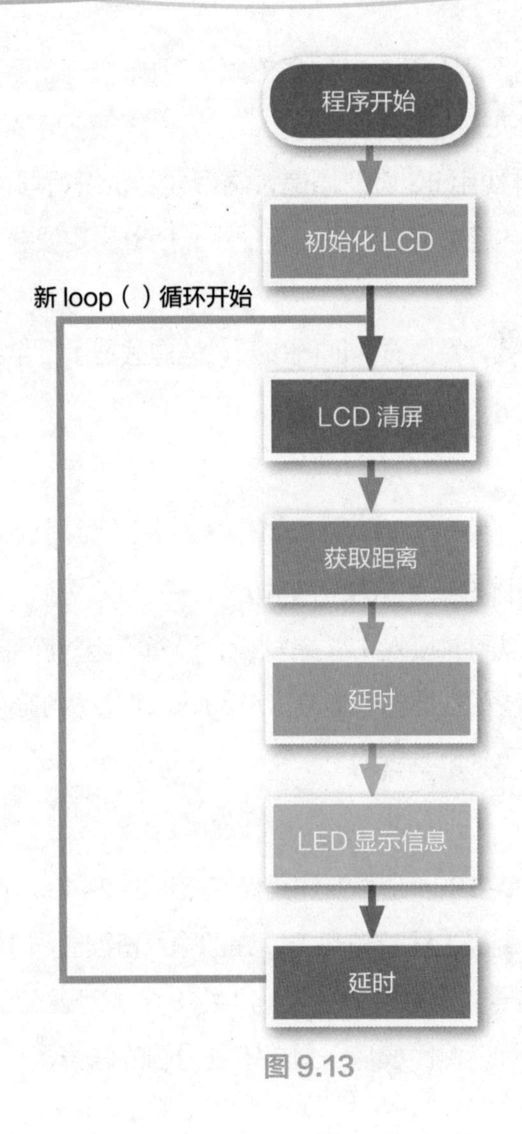

图 9.13

小贴士

LCD 刷新较慢，要留足时间以便信息显示完整。

五、知识详解

本次课程涉及的第一个知识点是设备的初始化。“初始化模块”对应代码编程中的“setup( )”函数，在此函数内出现的语句，程序只执行一次，非常适合设备的初始化、中断的声明及变量初始值的赋值等操作。第二个知识点是 LCD 液晶屏和超声波测距模块的应用。

套件所用的液晶屏使用 IIC 协议通信，两行显示，每行可显示 16 个字符。显示的内容若没有被新内容覆盖，则会一直显示，所以需要根据情况配合清屏命令使用。

液晶屏信息更新需要一定时间，时间过短，信息会显示不全甚至无显示。

关联知识

IIC 协议

IIC 是飞利浦公司研发的一种总线通信协议，每条 IIC 总线上有一台主机，7 位寻址 IIC 总线最多可以同时接入 127 台从机，设备各自对应独立的地址信息。主机与从机通过时钟总线和数据总线通信。Arduino UNO 板的时钟总线为 A5 端口，数据总线为 A4 端口，不可更改。

超声波测距原理

套件中所使用的 HC-SR04 超声波测距模块可提供 2~400 厘米的距离感测，测距精度可达 3 毫米。测量过程首先向 Trig 端口输入持续时间 10 微秒的高电平信号，随后拉低电平信号，测距模块会发出 1 组 8 个 4 万赫兹的脉冲信号，脉冲信号遇到障碍物后反弹，测距模块一旦接收到返回的信号，则会在 Echo 端口

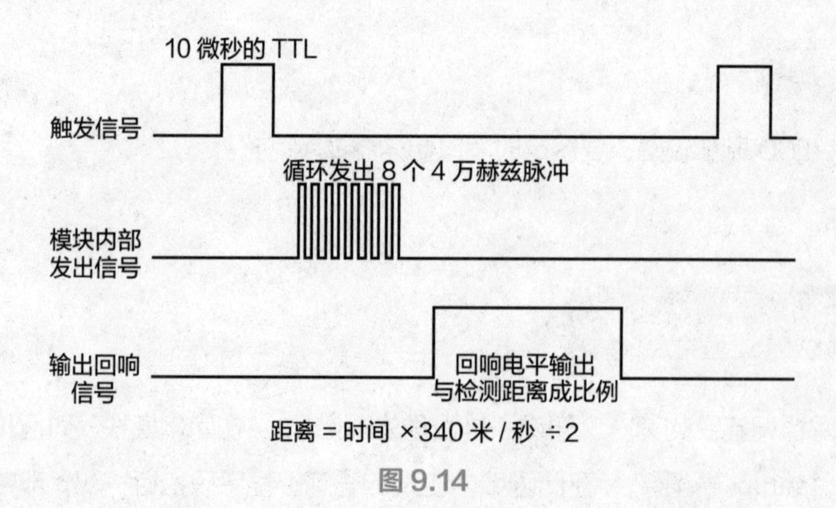

图 9.14

输出长度与所测距离成正比的脉冲信号，通过脉冲长度检测获取到信号持续时长，乘以声速再除以 2，即可得到距离数值。

脉冲宽度检测

按照上述的测距流程，程序中的距离测量也可用对应的程序实现。两者等效。

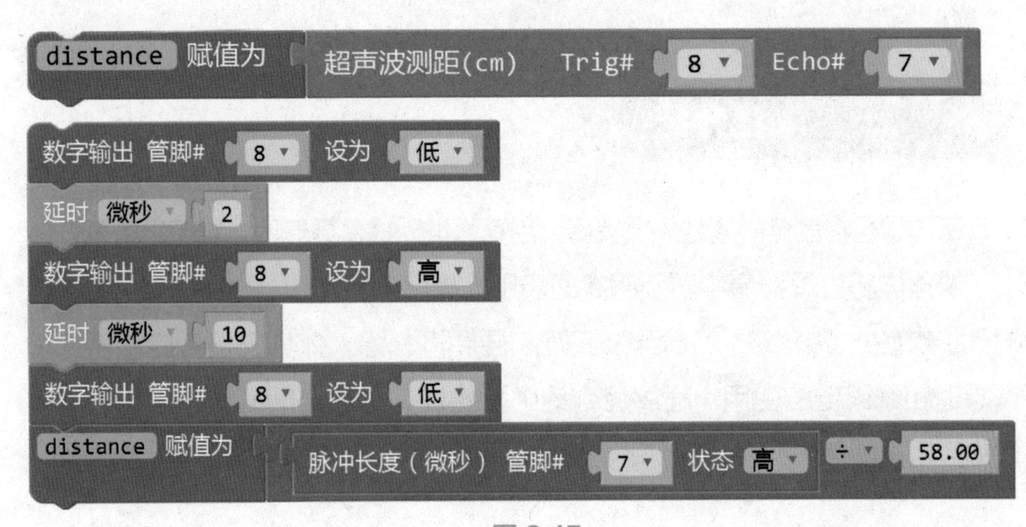

图 9.15

课堂练习

结合纸模，制作一个测距仪。

进阶挑战

由于显示频率的原因，课程中的案例会出现闪烁过快的问题。想一想，如何实现稳定显示效果？

红外报警器：程序中断

一、课程介绍

本次课程将制作一个红外报警器，当有人进入检测区域时，蜂鸣器报警。

课程中将讲解程序中断及函数的应用。程序中断可以让 Arduino UNO 板对外接传感器做出实时的检测及交互。硬件将介绍人体红外接近传感器的工作原理和蜂鸣器的使用。程序将介绍中断模块、函数声明模块、函数调用模块的应用。

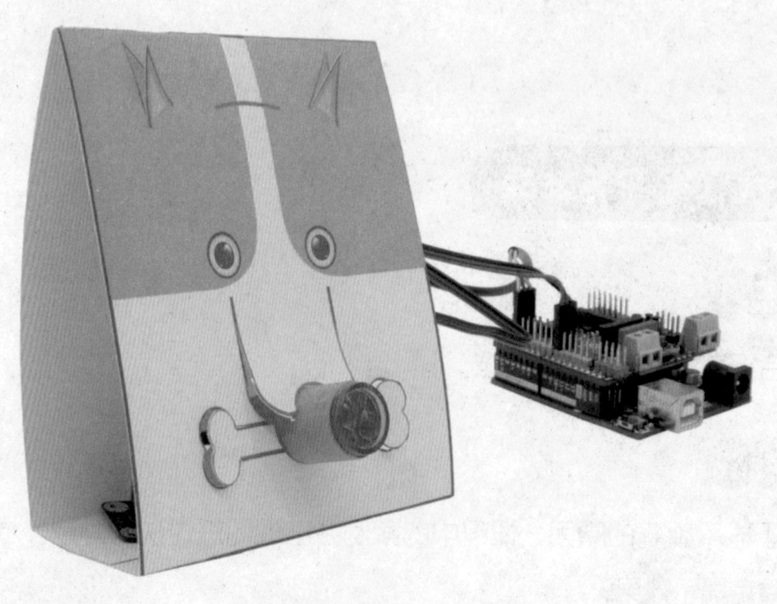

图 10.1

二、知识要点

程序中断

函数

三、元件清单及搭建方法

元件清单

Arduino UNO 板

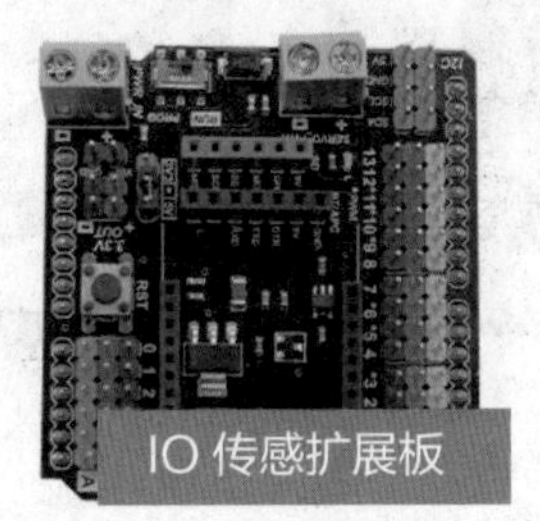

IO 传感扩展板

杜邦线

蜂鸣器模块

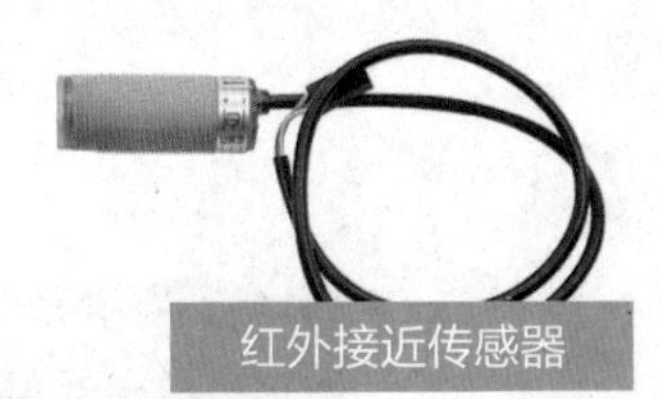

红外接近传感器

图 10.2

元件介绍

红外接近传感器

套件中的红外接近传感器是基于热释电原理的人体红外检测设备。人体恒温 37℃左右，会向周围环境中释放波长为 10 微米左右的红外线，检测设备内的热释电晶体检测到该特定波长的红外线后，会在晶体两端产生数量相等而符号相反的电荷，后续电路检测到该电荷后将模块对外输出的电平信号进行切换。

元件连接

将红外接近传感器连接到 2 号数字引脚上，蜂鸣器模块连接到 8 号数字引脚上。

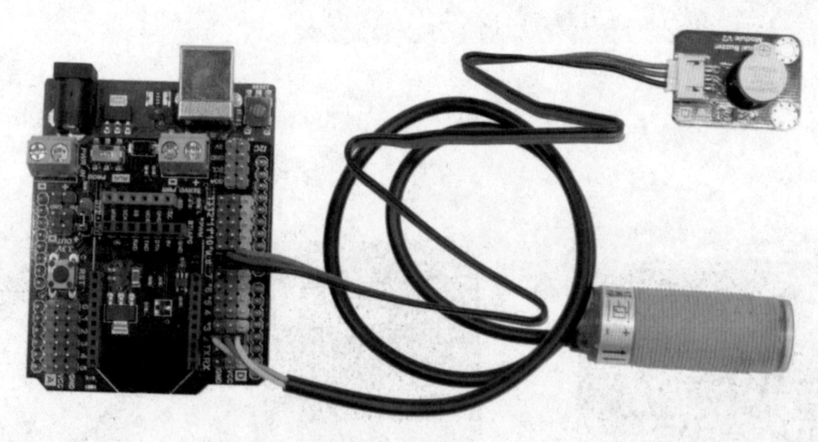

图 10.3

四、程序搭建

认识模块

中断模块

图 10.4

模块位置："输入 / 输出" 栏。

模块功能：设定程序中断参数。

函数声明模块

模块位置："函数" 栏。

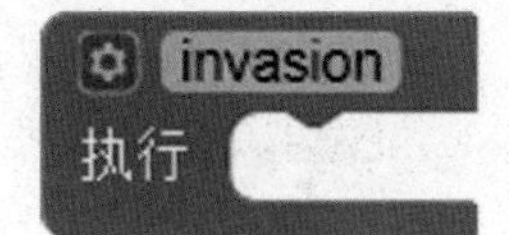

图 10.5

模块功能：将一段程序代码封装在一起，可直接通过函数名“invasion( )”调用。

函数调用模块

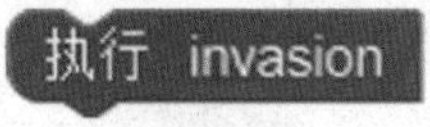

执行 invasion

图 10.6

模块位置：“函数”栏。

模块功能：调用自定义的函数“invasion( )”。

程序全貌及流程图

程序图：

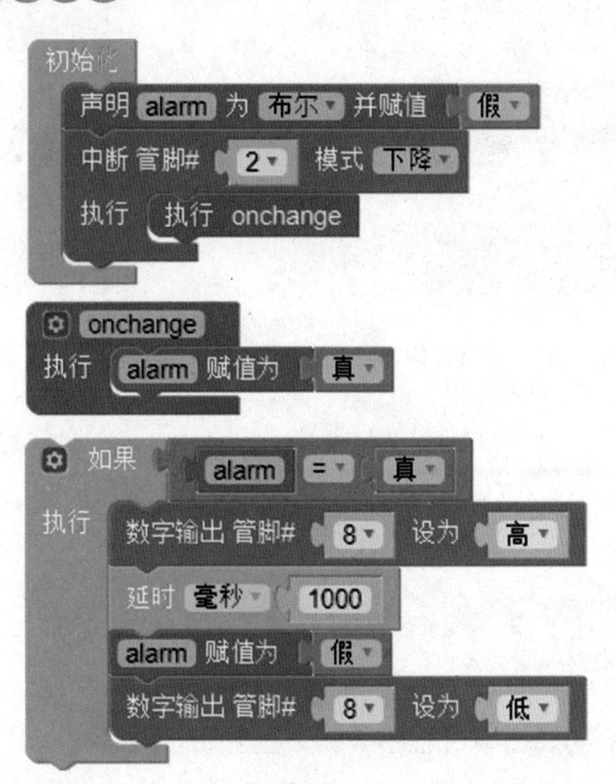

图 10.7

流程图：

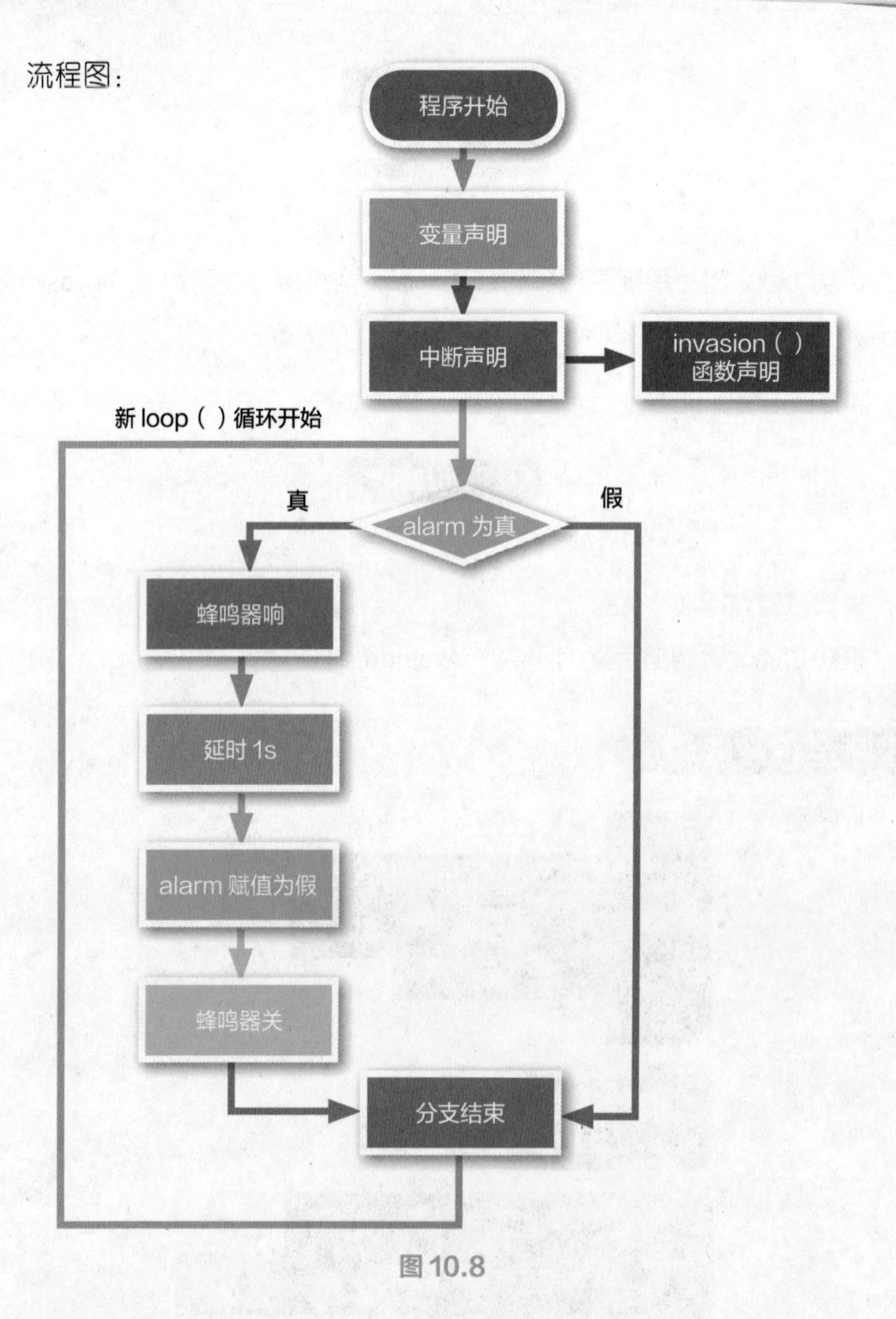

图 10.8

五、知识详解

今天的课程为大家讲解了程序中断及子函数的应用。

完成了《状态指示灯：布尔运算》课程进阶挑战的同学会发现，只有在呼吸灯效果灯的亮度最低时按下按键，才能触发切换操作，而在其他环节按下按键，呼吸灯效果并未改变。这是因为，一次完整的呼吸效果实现需要持续数秒，此时 Arduino UNO 板并不检测外界传感器的信号输入，也就无法对外界的交互做出即时反馈。而今天要为大家介绍的程序中断，将程序执行按进程优先级排序，让程序在执行任何代码时都可以实时响应高优先级的外界交互并处理。

关联知识

中断：中断可以简单地理解为程序运行时的“插队”。

所编写的程序在 Arduino UNO 板上的 CPU 中运行时具有不同的优先级，中断程序具有高优先级，CPU 会优先执行。一旦外部端口触发中断操作，主控板上的 CPU 会暂停正在执行的程序，转而执行中断程序，待中断程序执行完毕后，再返回中断前暂停的程序继续执行。

Arduino UNO 板上只有数字引脚 2、3 可以触发中断，并且引脚 2 对应的中断优先级要高于引脚 3 对应的中断。

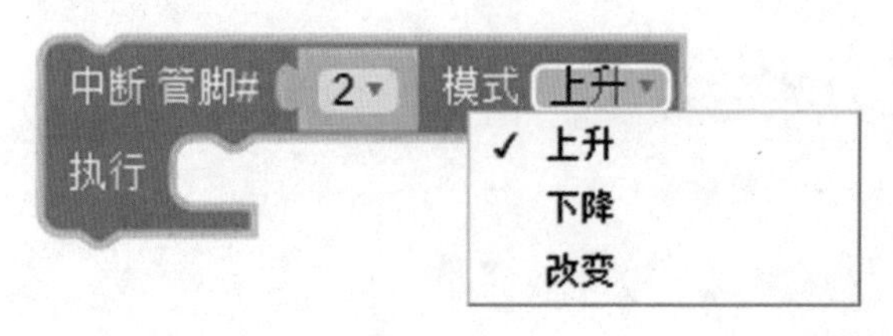

图 10.9

UNO 的中断有 4 种模式，但 Mixly 只提供以下 3 种模式支持。

上升：外部传感器输入信号由低电平切换为高电平，如按键按下。

下降：外部传感器输入信号由高电平切换为低电平，如红外接近模块触发和按键弹起。

改变：外部传感器输入信号发生改变，高变低或低变高。

六、练习与挑战

课堂练习

更改程序，将报警器改为持续报警装置，即检测到人开始报警并持续至人离开。

进阶挑战

在《状态指示灯：布尔运算》课程的进阶挑战中使用中断完成程序，对比两者的实现效果有何不同。

智能声控灯：多传感器与布尔运算

一、课程介绍

本次课程将制作一个应用案例——智能声控灯。声控灯在白天光线充足时不会亮起；当晚上光线变暗、同时环境声音大小超过一定阈值时，灯光自动亮起，并持续一段时间后自动关闭。

课程中将结合环境光线传感器和声音传感器讲解多路信号收集及处理程序的设计思路。

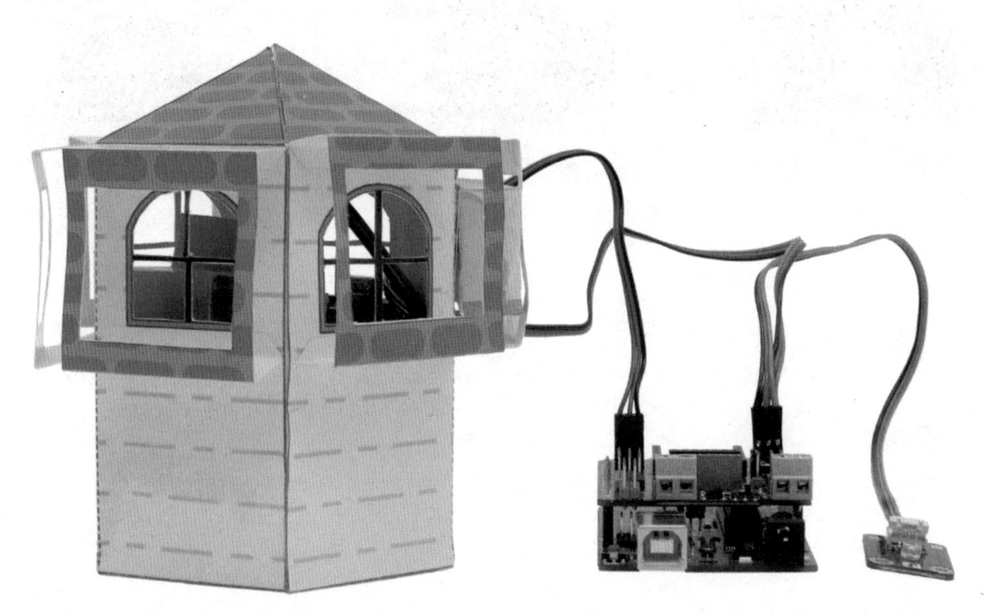

图 11.1

二、知识要点

多传感器协同

三、元件清单及搭建方法

元件清单

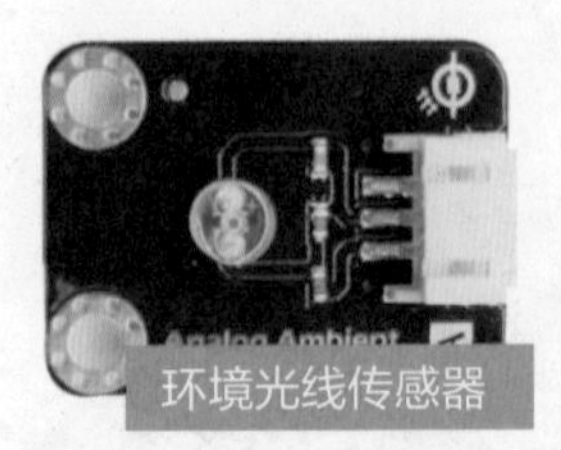

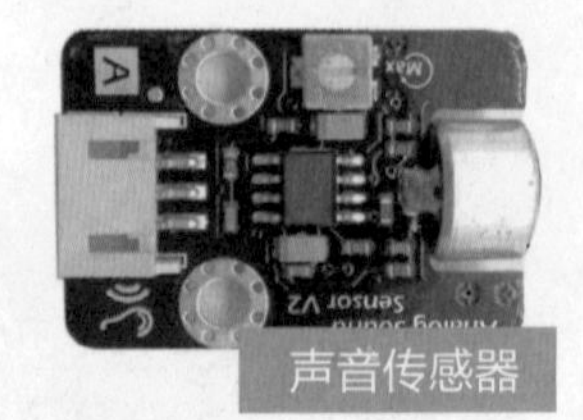

图 11.2

元件介绍

环境光线传感器

模拟输入模块，核心组件是光敏电阻，阻值随光线增强而减小，返回的电压位则升高。

声音传感器

模拟输入模块，声音越高返回的电压值越高，Arduino UNO 板的模拟读数则越高。

元件连接

首先将环境光线传感器连接到模拟引脚 A0 上，再将声音传感器连接到模拟引脚 A1 上，最后把蓝色 LED 发光模块连接到 8 号数字引脚上，硬件的连接就完成了。

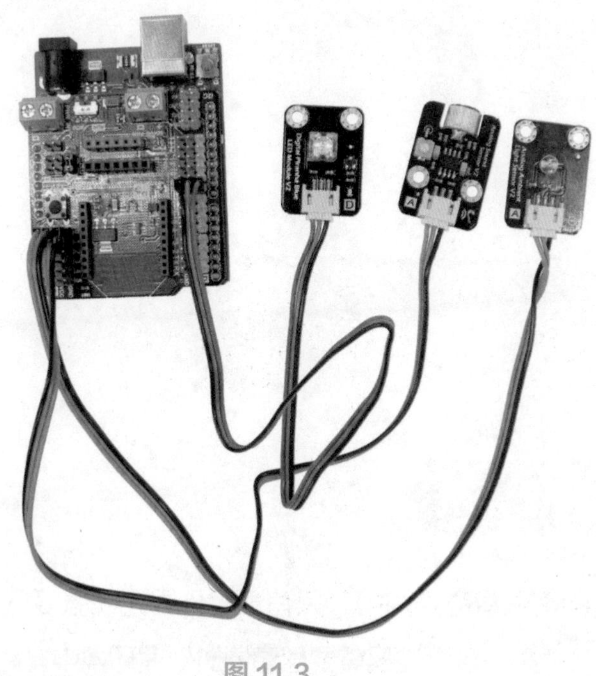

图 11.3

四、程序搭建

程序全貌及流程图

程序图：

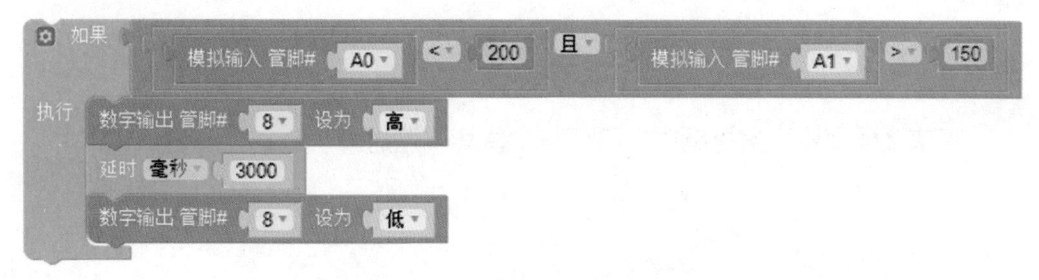

图 11.4

流程图：

在下面空白处试着画出本次课程的程序流程图。

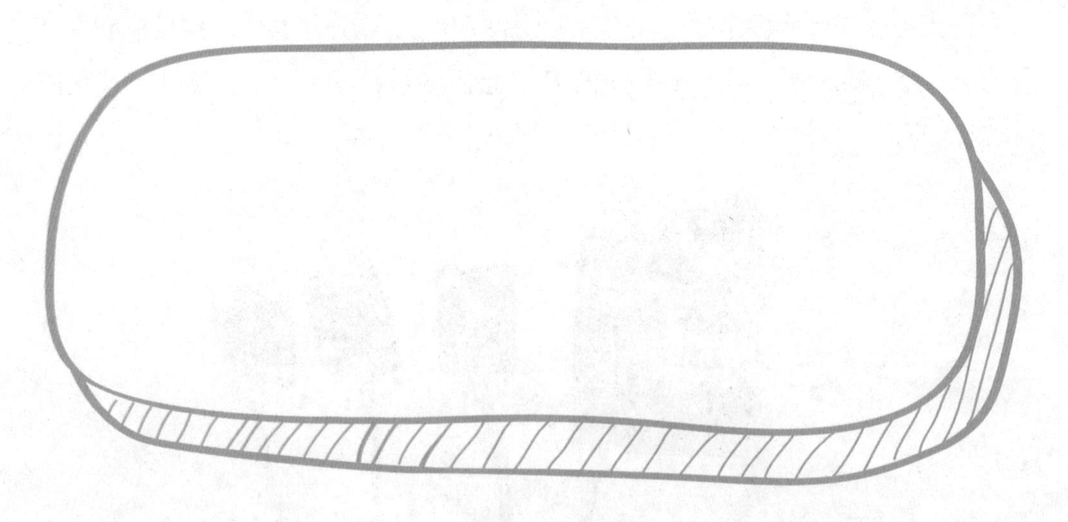

五、知识详解

本次课程的案例智能声控灯，只有满足外界光线强度低于某一值且声音大于某一值时才会点亮。这个过程需要程序同时处理环境中光和声音两个传感器的输入数据，而数据的协同过程则使用到了布尔判断及布尔“且”运算。同样的传感器，结合“或”“且”“非”等不同的布尔运算，可以延伸出变化丰富的应用场景，大家可以动手试一下。

六、练习与挑战

课堂练习

完成课程案例，搭配纸模，制作一个智能声控灯。

进阶挑战

使用中断，将《状态指示灯：布尔运算》课程案例由按键切换模式改为声音切换模式。

结合自己手里的传感器，设计一个小的应用场景并通过编程实现。

招财猫：舵机控制

一、课程介绍

本次课程将制作一只招财猫，招财猫的手臂可以前后有规律地摆动。

舵机是一种常见的动力模块，在航模、船模、机器人等领域应用广泛。本节课将为大家介绍如何利用程序来驱动和控制舵机。

图 12.1

二、知识要点

舵机控制

三、元件清单及搭建方法

元件清单

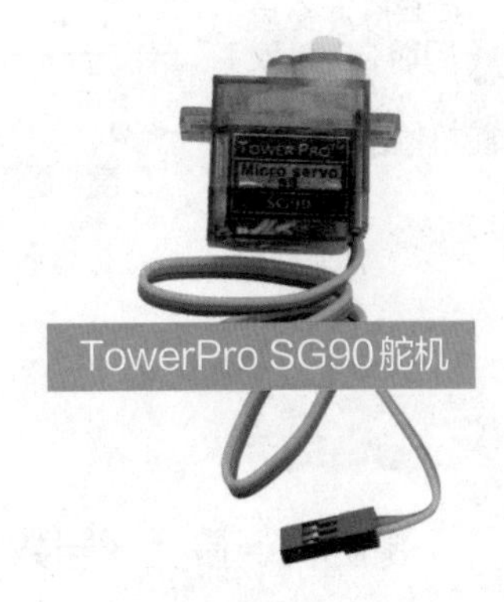

图 12.2

元件介绍

舵机

绝大多数的舵机只能在 0~180 度之间旋转。

TowerPro SG90 舵机扭矩为 0.16 牛顿 / 厘米，即在距离舵机转轴中心 1 厘米处，可以在垂直于力臂的方向上提供大约 0.16 牛顿（约 1.6 千克）的拉力。

舵机可以较为精准地控制旋转角度，并能锁定在需要的角度上。在图形化编程软件中，舵机控制的精度为 1 度。

舵机可以连接到任何一个数字引脚上。

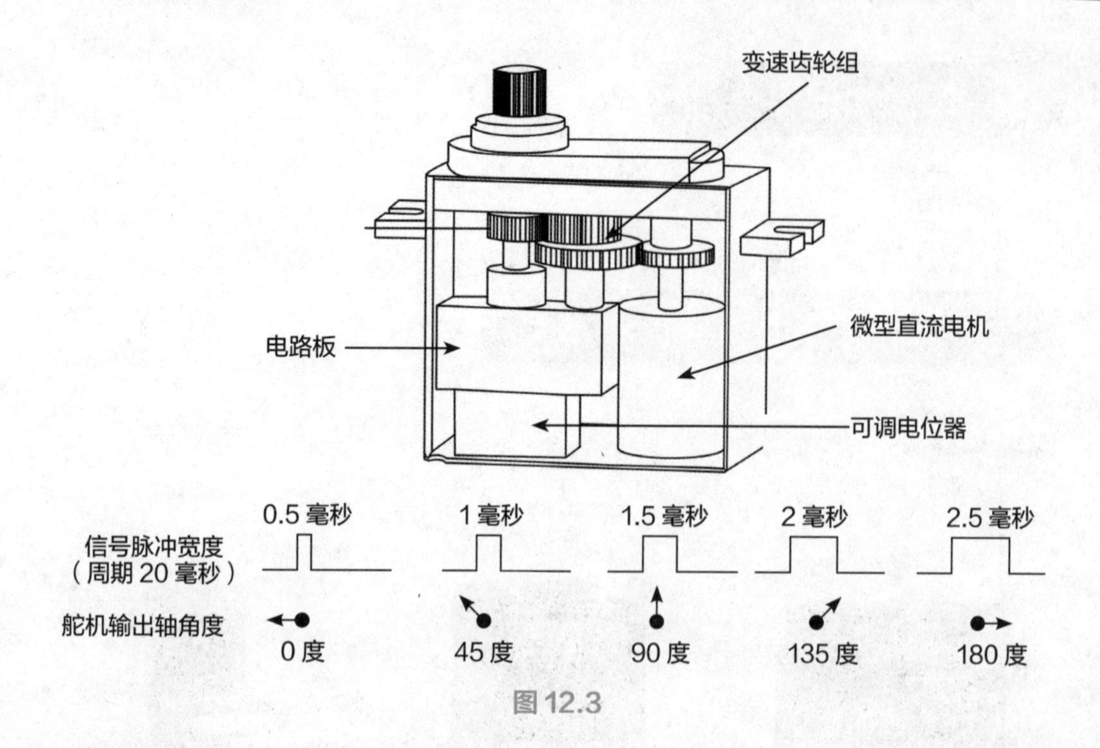

图 12.3

元件连接

将舵机连接至 3 号数字引脚上。

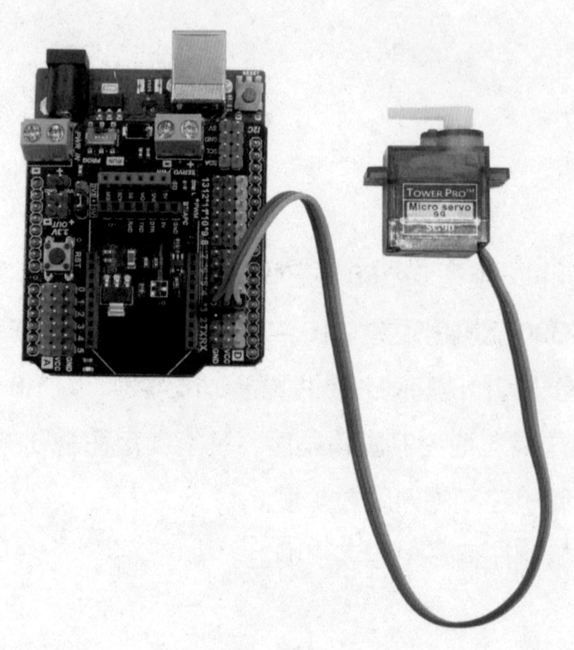

图 12.4

四、程序搭建

认识模块

舵机控制

```
舵机 管脚# 3
角度 (0~180) 0
延时(毫秒) 5
```

图 12.5

模块位置：“执行器”栏。

模块功能：控制舵机旋转至指定角度。

舵机旋转需要一定时间，两次移动以及舵机控制与后续语句之间均需要留足舵机动作的时间。

程序全貌及流程图

程序图：

```
声明 delay 为 整数 并赋值 10
使用 i 从 45 到 100 步长为 1
执行 舵机 管脚# 3
     角度 (0~180) i
     延时(毫秒) delay
延时 毫秒 300
使用 i 从 100 到 45 步长为 -1
执行 舵机 管脚# 3
     角度 (0~180) i
     延时(毫秒) delay
延时 毫秒 300
```

图 12.6

流程图：

在下面空白处试着画出本次课程的程序流程图。

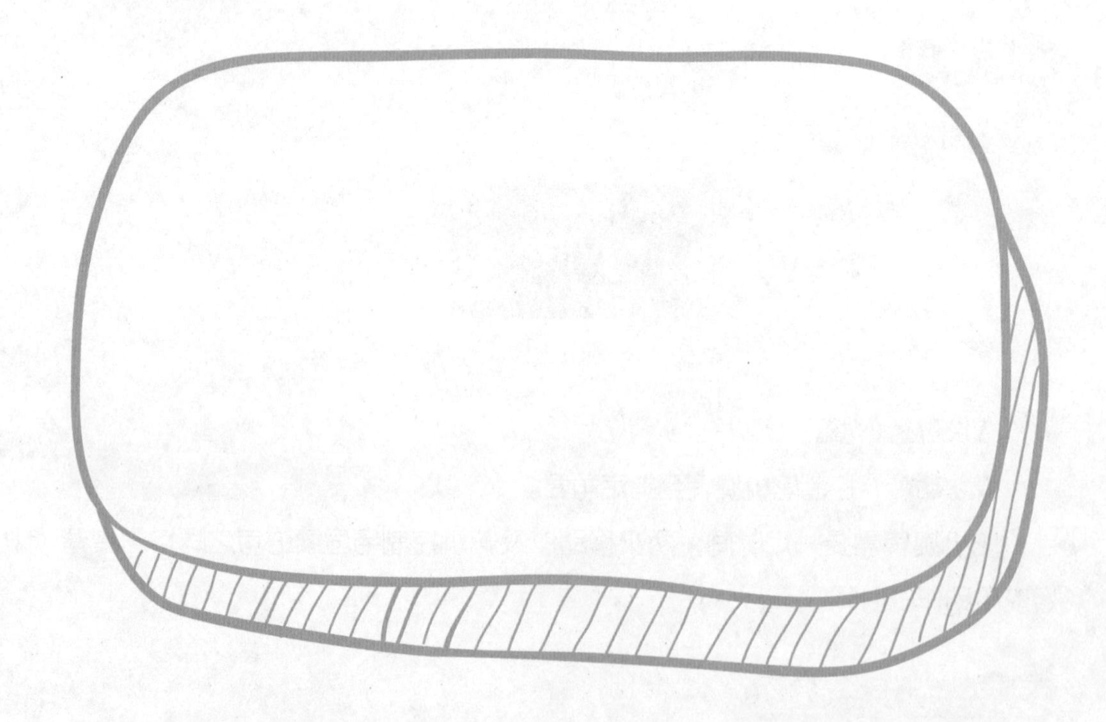

五、知识详解

本次课程的重点是舵机及其控制。舵机是非常常见的动力输出模块，广泛地应用于机器人制造、机械手臂制造、航模制造等领域。舵机的旋转属于一种机械运动，一定要预留足够的时间间隔以保证舵机旋转到位。在舵机使用过程中，不要超出舵机的载荷，以免损坏舵机。

六、练习与挑战

课堂练习

利用纸模，完成课程案例。

进阶挑战

配合角度传感器，制作一个可以调节手臂挥动速度的招财猫。

抽奖转盘：随机数与数值映射

一、课程介绍

本次课程将制作一个抽奖转盘，当按下按键时，抽奖转盘将随机抽取 1~5 等奖。

随机是程序设计中很重要的一个概念，常用来模拟相同概率事件中某一事件的发生。如本例中的抽奖应用，在程序编写过程中使用中断，可以实现抽奖转盘对按键动作的实时响应。

图 13.1

二、知识要点

随机及随机数

舵机控制

中断

三、元件清单及搭建方法

元件清单

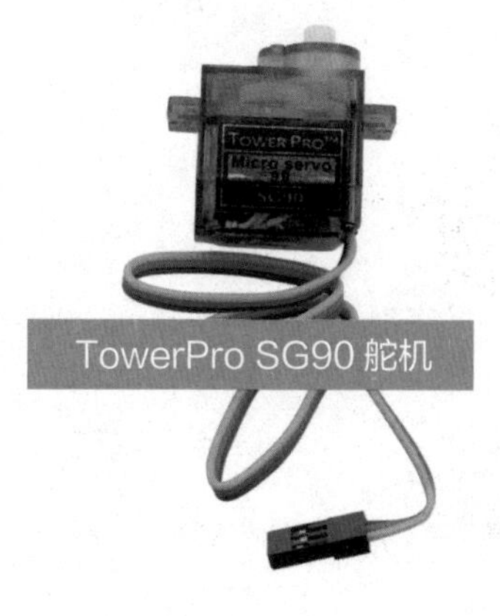

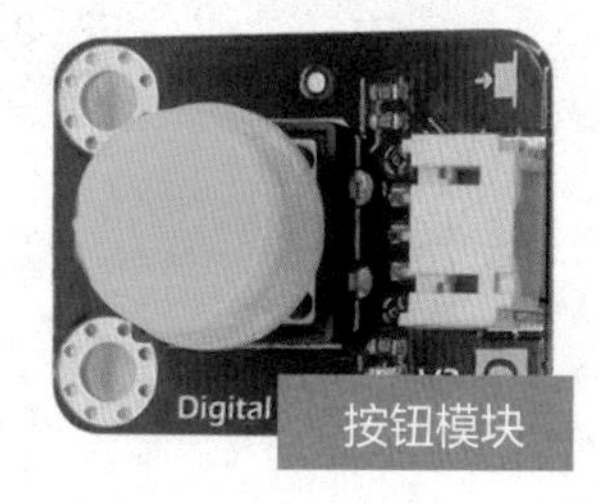

图 13.2

元件连接

先将 TowerPro SG90 舵机连接至 3 号数字引脚，再将按键连接至 2 号数字引脚，硬件连接便完成了。

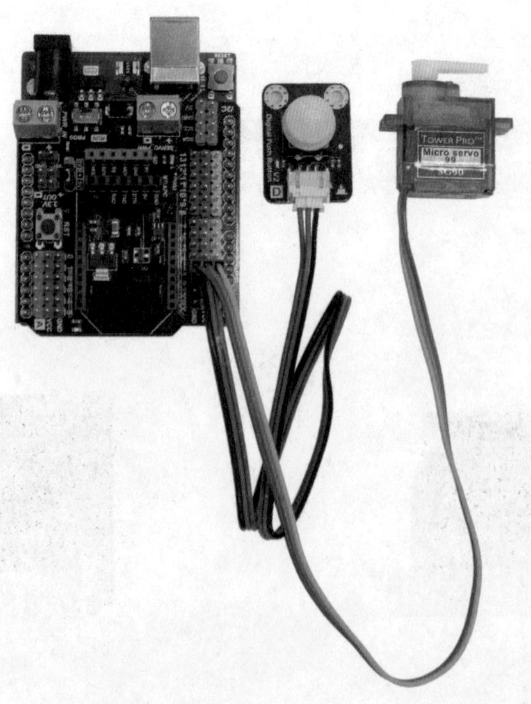

图 13.3

认识模块

随机数

图 13.4

模块位置：“数学”栏。

模块功能： 随机产生一个 0~5 的整数（长整型）。

程序全貌及流程图

程序图：

```
初始化
  声明 angle 为 整数 并赋值 0
  中断 管脚# 2 模式 上升
  执行 执行 wave

wave
执行 angle 赋值为 15 + 随机数 从 0 到 5 × 30
     舵机 管脚# 3
     角度 (0~180) angle
     延时(毫秒) 3
     延时 毫秒 5000
```

图 13.5

五、知识详解

本次课程为大家讲解了随机数的应用。随机数常用来模拟随机事件的发生，为程序在随机范围内增加一些“不确定性”，如本例中的抽奖、桌游中的骰子。程序中使用了“程序中断”，可以实现舵机对“按键按下”指令的实时反馈。

六、练习与挑战

课堂练习

配合纸模，完成课程案例，制作一台抽奖器。

进阶挑战

（1）下载对比程序，上传到 Arduino UNO 板中，对比两个程序的执行效果，理解中断的应用场景。完成对比程序[①]的流程图绘制。

（2）设计一个新的抽奖程序，让 1~5 等奖具有不同的中奖概率。

① 对比程序下载地址为：http://download.sciclass.cn/L14.zip。

遥控门锁：红外控制

图 14.1

一、课程介绍

红外遥控是生活中常见的一种遥控形式，如电视机顶盒、空调等的控制。本节课程将与大家一起学习如何用 Arduino 来实现红外遥控，并结合前两节课中使用的舵机，制作一个遥控门锁。

图 14.1

二、知识要点

红外遥控

舵机

三、元件清单及搭建方法

元件清单

Arduino UNO 板

IO 传感扩展板

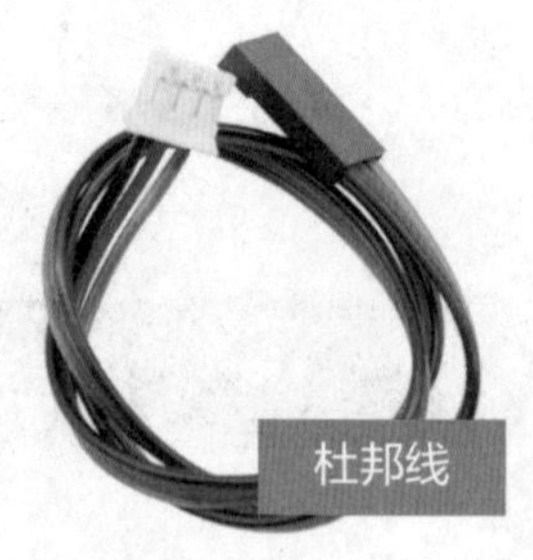

杜邦线

蓝色 LED 发光模块

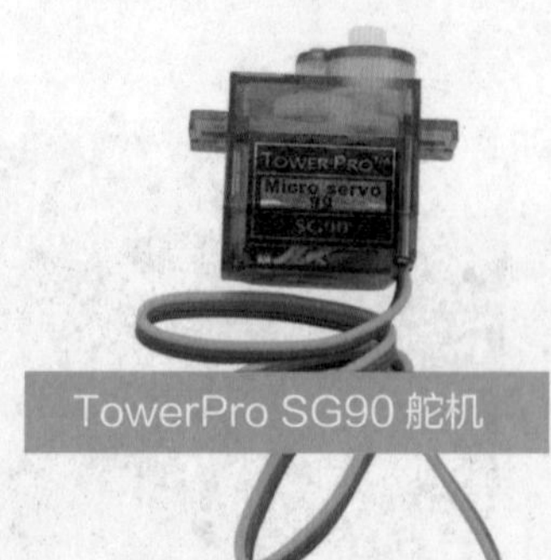

TowerPro SG90 舵机

红外遥控器

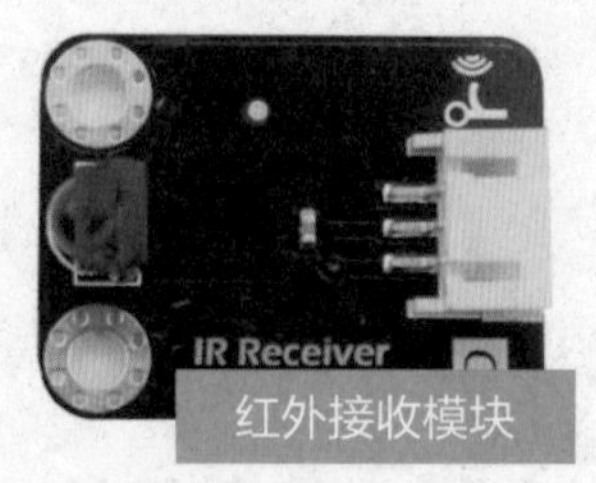

红外接收模块

图 14.2

元件介绍

红外接收模块

接收遥控器发来的红外信号。

红外遥控器

发射遥控信号。遥控器上的每个按键都对应一个 16 进制的数字，按键与数字对应如下。

图 14.3

元件连接

将红外接收模块连接至 Arduino UNO 板 11 号数字引脚，将 TowerPro SG90 舵机连接至 3 号数字引脚，硬件连接便完成了。

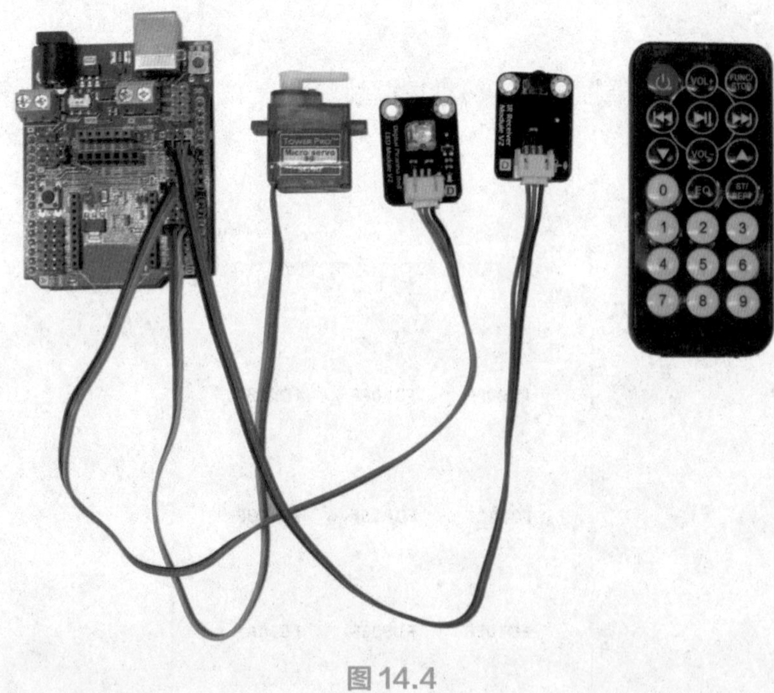

图 14.4

四、程序搭建

认识模块

红外接收模块

图 14.5

模块位置：“通讯”栏。

模块功能： 判断是否接收到红外信号，若接收到红外信号，在串口监视器中便会输出红外信号的类型和信号数值。

数字模块

图 14.6

模块位置：“数字”栏。

模块功能： 在程序中存储数值。红外信号编码“0xFD906F”为 16 进制数字。为了与字符“FD906F”区别开，需要添加“0x”前缀。

程序全貌及流程图

程序图：

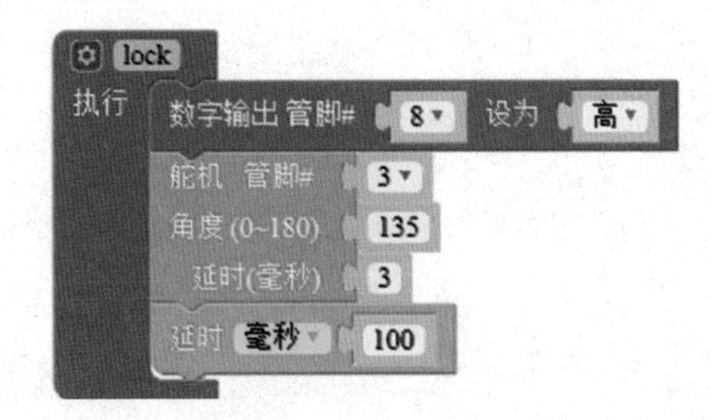

图 14.7

五、知识详解

本次课程重点介绍了红外接收模块的应用。红外遥控器发出的红外信号被红外接收模块接收后转码为 16 进制数，也就是程序中以“0x”开头的数字，添加这个前缀，是为了与字符串进行区分。程序的主体是一个“选择分支”语句，判断获取的红外信号是否与预设的数值相等，如果相等则执行对应的函数，控制门锁的开与关。而函数的应用，简化了程序主体，使程序逻辑清晰易读。

六、练习与挑战

课堂练习

完成课程案例，搭配纸模，制作一个遥控门锁。

进阶挑战

（1）制作一个机器，使其在按下按键时，LED 灯亮，舵机旋转直至摇杆按下按键，LED 灯灭，摇杆复位。

（2）本例中红外遥控器按键与指令的对应是预先设定的，思考如何利用程序获取，编写程序，尝试拆解家中其他遥控器的信号指令。

智能家居系统：综合案例

一、课程介绍

本次课程是一个综合案例，利用前面课程所学的程序设计知识，制作一个智能家居的系统原型。

图 15.1

二、知识要点

函数

多传感器综合

程序分支

三、元件清单及搭建方法

元件清单

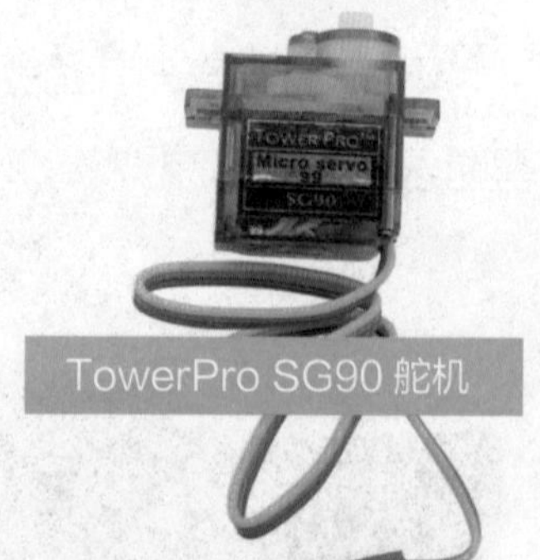

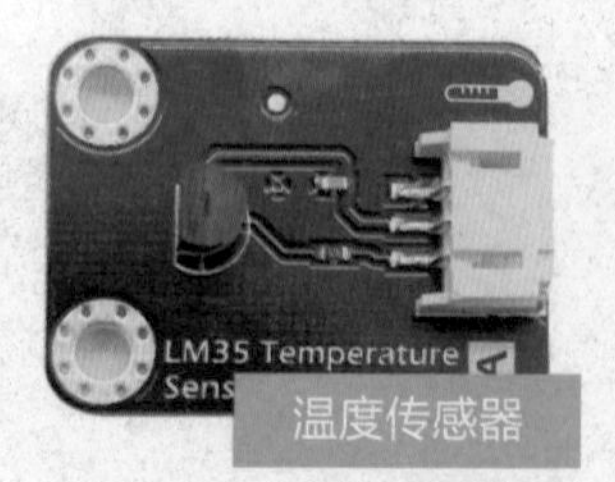

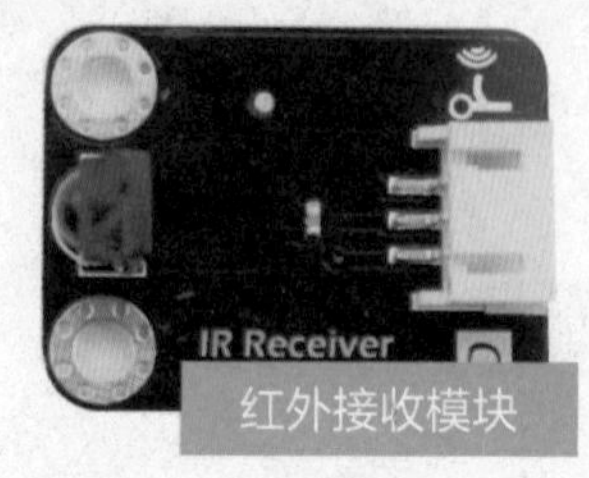

图 15.2

元件连接

将温度传感器连接至模拟接口 A0 上，将红外接收模块与数字接口 11 连接，舵机连接至 3 号数字引脚，两个 LED 发光模块分别连接至 8 号和 5 号数字引脚，最后将 LCD1602 液晶显示屏按照《超声波测距仪：脉冲长度检测》课程中描述的方法连接到 Arduino UNO 板上，硬件连接就完成了。

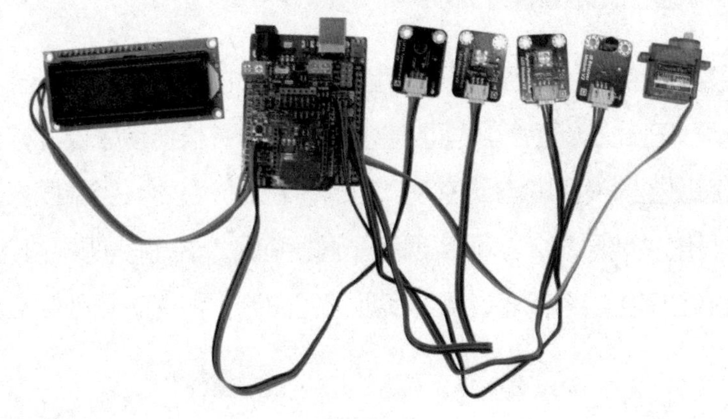

图 15.3

四、程序搭建

程序全貌

程序图：

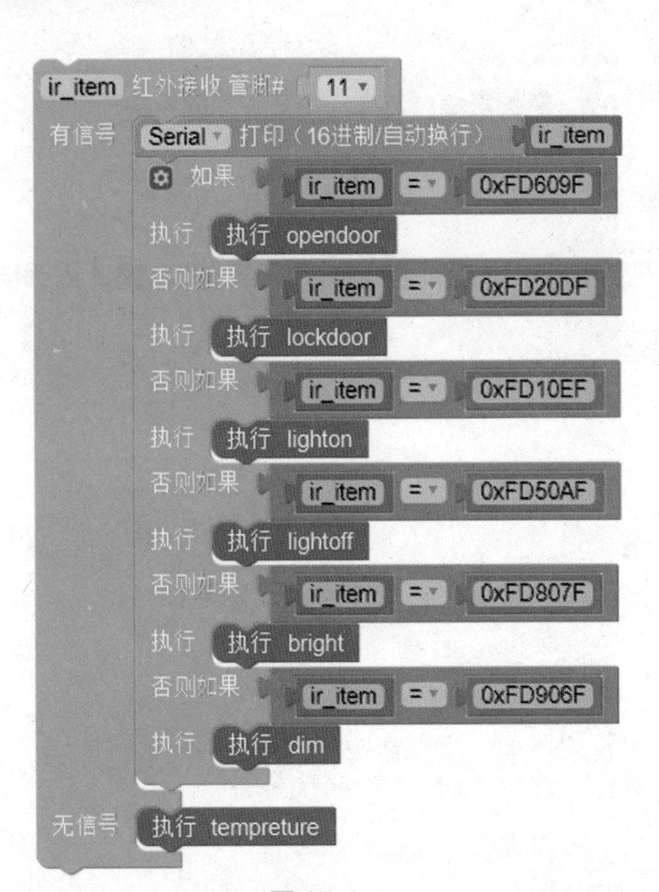

图 15.4

五、知识详解

本次课程利用红外遥控实现了智能家居的一个技术原型，即通过单一终端控制多种设备。在此基础上，还可以增加传感器，并根据传感器的数值做出相应交互，从而实现了对设备的自动控制。如结合温度传感器，当温度高于或低于设定值时，打开或关闭风扇，从而实现基于温度的风扇控制。如果再与网络结合，将传感器数据上传到网络或通过网络实现远程控制，那这个原型便又具有了物联网的属性。

六、练习与挑战

课堂练习

完成课程案例，搭配纸模，制作一个智能家居系统。

进阶挑战

在现有程序基础上增加其他元件，扩展功能，设计属于自己的智能家居系统。

代码编程

一、课程简介

通过前面 14 个 Arduino 的编程案例，我们了解了程序的基本设计逻辑、基本的输入输出控制、设备初始化等编程操作，也使用程序中断等高级程序完成了案例制作。图形纸编程简便易学，但最终要编译成 Arduino UNO 板可以运行的程序，是离不开代码的，这节课我们一起来探究一下图形编程与代码编程间的联系。

二、图形编程与代码编程

图形编程表面看来是一个个模块，像搭积木一样完成了程序编写，但还需要代码转换才能用于程序编译。

Mixly 会自动将已搭建好的积木块转成代码，代码才能被进一步编译，最终被 Arduino UNO 板所使用，Mixly 充当了我们与代码之间的翻译。代码编程拥有简洁的程序结构，在设计复杂程序时更有利于我们保持清晰的思路，程序的编写、调试和上传也会更加高效。

变量声明与赋值

变量声明

Int item;

Int item=0;

常用的变量类型有：

整型：int　　　小　数：flost

布尔：boolean　　　字符串：string

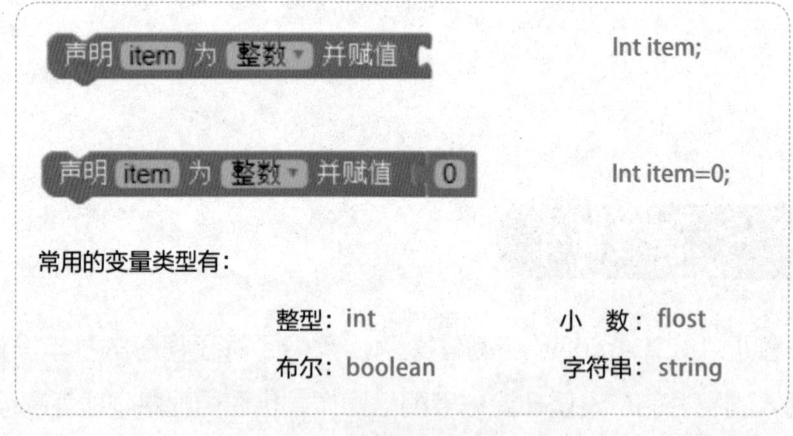

图 16.1

赋值

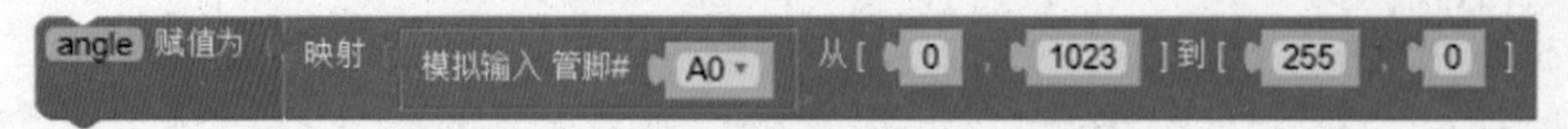

angle ＝ map(analogread(A0), 0,1023,255,0)

图 16.2

《调光台灯》代码示例：

```
int light=0;

void setup(){
}

void loop(){
  light = (map(analogRead(A0), 0, 1023, 255, 0));
  analogWrite(3,light);
   delay(20);
}
```

图 16.3

输入/输出

数字信号

数字信号仅有高电平（HIGH）与低电平（LOW）两种状态。数字端口使用前需要在“setup( )”中定义类型：输入（INPUT）或输出（OUTPUT），相当于端口的初始化。

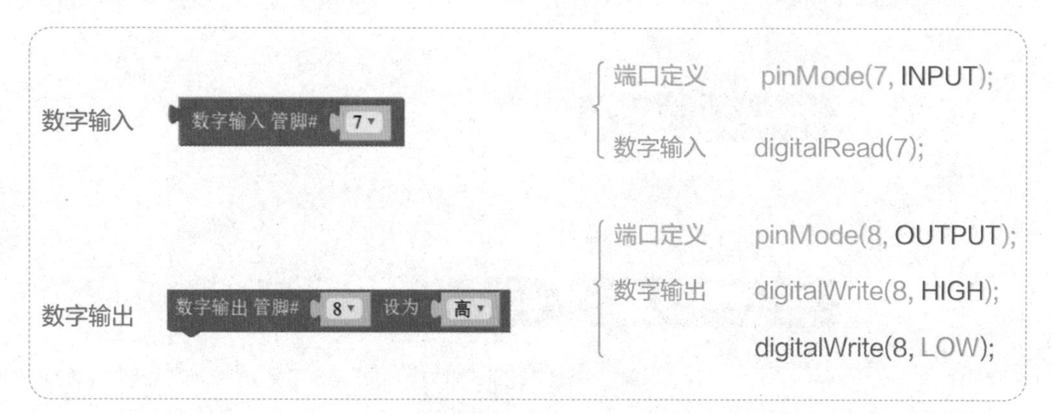

图 16.4

《门铃：逻辑判断与数字输入》代码示例：

```
void setup(){
  pinMode(7,INPUT);
  pinMode(8,OUTPUT);
}

void loop(){
  if(digitalRead(7)==HIGH){
    digitalWrite(8,HIGH);
  } else {
    digitalWrite(8,LOW);
  }
}
```

图 16.5

模拟信号

Arduino UNO 板上仅有 6 个模拟输入接口：A0~A5，并且这 6 个端口在一般的程序设计中默认作为模拟信号输入使用，所以无需在“setup ( )”中定义端口类型。Arduino UNO 板上仅有 6 个模拟输出接口：3、5、6、9、10、11，不会与模拟输入接口混淆，所以也无需在“setup( )”中定义端口类型。

模拟输入输出的是 PWM（脉冲宽度调制）信号，本质上是数字信号，但实现了模拟信号的效果。

模拟输入

analogRead (A0);

模拟输出

analogWrite(3,light);

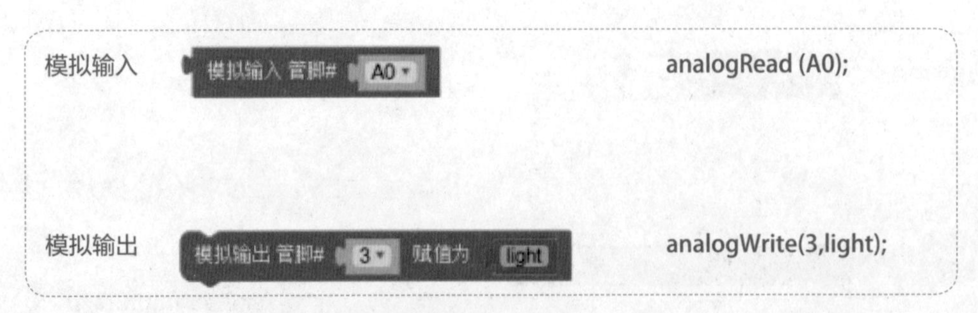

图 16.6

《调光台灯》代码示例：

```
int light=0

void setup(){
}

void loop(){
  light=(map(analogRead(A0), 0, 1023, 255, 0));
  analogWrite(3,light);
  delay(20);
}
```

图 16.7

程序循环

for 循环

循环变量 i 必须为整型。

步进值可正可负，但需与循环变量的起始值与终值的变化趋势一致。

代码编程时，“；”“（”“）”“{”“}”等符号均要用英文半角符号。

循环变量一般用 i、j、k、m、n 表示。

```
for(int i=1; i<=3; i=i+1){
    需重复执行的语句；
    每行代码以分号结尾；
    注意程序缩进
}
```

图 16.8

《SOS 求救装置》代码示例：

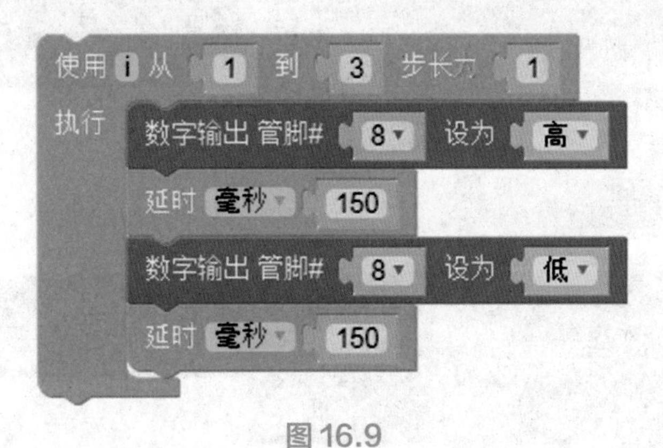

图 16.9

```
for(int i = 1; i<= 3; i = i + 1){
   digitalWrite(8,HIGH);
   delay(150);
   digitalWrite(8,LOW);
   delay(150);
}
```

图 16.10

程序分支与布尔

布尔运算及判断

布尔运算符：

且：&&	and
或：||	or
非：!	not

布尔判断：

大于：>	大于等于：>=
小于：<	小于等于：<=
等于：==	不等于：! =

图 16.11

程序分支 if/else

《状态指示灯：布尔运算》程序和代码示例：

```
如果 数字输入 管脚# 5 = 高 且 state
执行 数字输出 管脚# 8 设为 高
     延时 毫秒 200
     state 赋值为 假
否则如果 数字输入 管脚# 5 = 高 且 非 state
执行 数字输出 管脚# 8 设为 低
     延时 毫秒 200
     state 赋值为 真
```

图 16.12

```
if (digitalRead(5) == HIGH && state) {
  digitalWrite(8,HIGH);
  delay(200);
  state = false;
} else if (digitalRead(5) == HIGH && !state){
  digitalWrite(8,LOW);
  delay(200);
  state = true;
}
```

图 16.13

数学运算

随机

random(min，max) 包含 min，不包含 max。

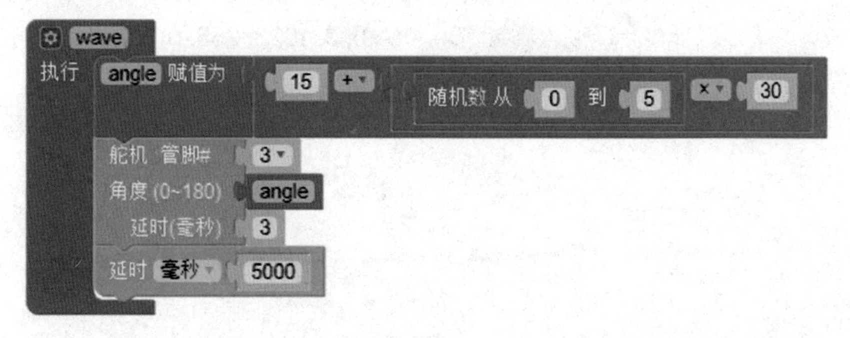

图 16.14

节选自《抽奖转盘：随机数与数值映射》：

```
void wave () {
  angle = 15 +random(0,5)*30;
  servo_3.write(angle);
  delay(3);
  delay(5000);
}
```

图 16.15

注：在代码中，我们可以看到有两行延时代码：delay(3) 和 delay(5000)，看似重复的两行代码分别来自于舵机的控制模块和延时模块，重复的设计实际上是满足模块单独使用时的功能需求。如舵机控制模块中的延时一般可以结合循环实现舵机缓慢的旋转，而单纯的延时模块则一般用来控制程序的执行进度。如果本程序直接使用代码编写，延时是可以合并设计的。后面程序中的双延时也是一样的道理。

映射

map(value，min1，max1，min2，max2)。

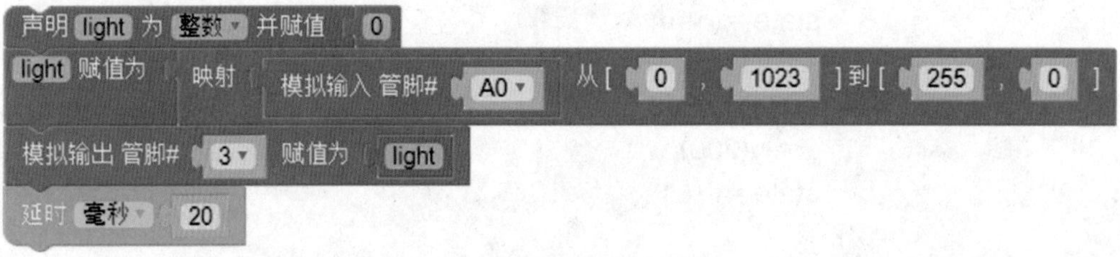

声明 light 为 整数 并赋值 0
light 赋值为 映射 模拟输入 管脚# A0 从[0 , 1023]到[255 , 0]
模拟输出 管脚# 3 赋值为 light
延时 毫秒 20

图 16.16

节选自《调光台灯》：

```
void loop(){
  light = (map(analogRead(A0), 0, 1023, 255, 0));
  analogWrite(3,light);
  delay(20);
}
```

图 16.17

四则运算

Mixly 基于模块编程，同模块内优先运算，相当于加了“( )”，这点与代码编程思路略有不同。

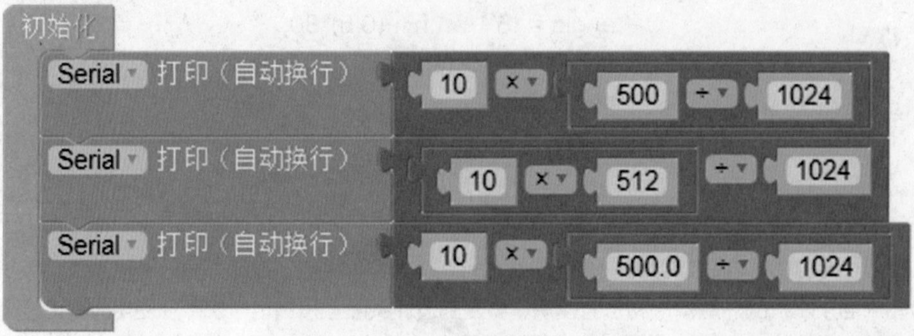

初始化
Serial 打印（自动换行） 10 × 500 ÷ 1024
Serial 打印（自动换行） 10 × 512 ÷ 1024
Serial 打印（自动换行） 10 × 500.0 ÷ 1024

图 16.18

```
void setup (){
  Serial begin(9600);
  Serial println(10*(500/1024));
  Serial println(10*(500/1024));
  Serial println(10*(500.0/1024));
  Serial println(10*500.0/1024));
}

void loop (){
}
```

Mixly 模块式编程代码
代码书写方式

图 16.19

不同变量类型运算法则如下。

（1）整型与整数运算结果为整数。

（2）整型与小数运算结果为小数。

（3）小数与小数运算结果为小数。

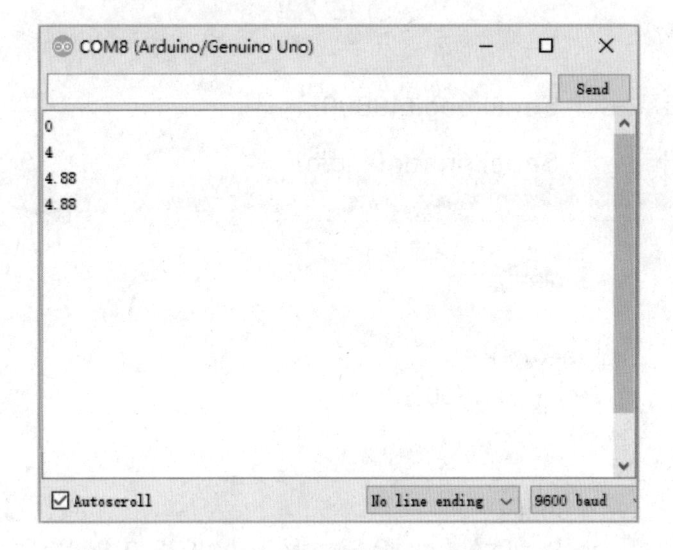

图 16.20

串口通信

串口

（1）串口打印 / 打印（自动换行）都会向“setup( )”中添加“Serial.begin (9600);”，且只添加一次。

（2）输出内容若为字符串，则需要在字符串两侧添加英文半角格式的双引号。

（3）输出内容若为变量名，则实际输出为变量所存储的值。

（4）如不换行，则所有内容在串口监视器同一行顺延显示。

《模拟输入、数值映射与串口监视器》程序和代码示例：

图 16.21

通信波特率	Serial.begin(9600);
串口输出	Serial.print(“The angle is：”);

Serial 打印（自动换行） angle

图 16.22

通信波特率	Serial.begin(9600);
串口输出	Serial.println(angle);

```
Int angle=0;

void setup(){
  Serial.begin(9600);
}

void loop(){
  angle = (map(analogRead(A3), 0, 1023, 0, 300));
  Serial.print( “The angle is:”);
  Serial.println(angle);
  delay(100);
}
```

图 16.23

函数

（1）对于程序中需要多次执行的程序块，可以用“函数”打包。

（2）使用函数可以降低主程序的复杂度，使程序变得简洁易读。

（3）使用函数易于程序排错。

（4）在函数内可以调用其他函数。

节选自《遥控门锁：红外控制》程序与代码：

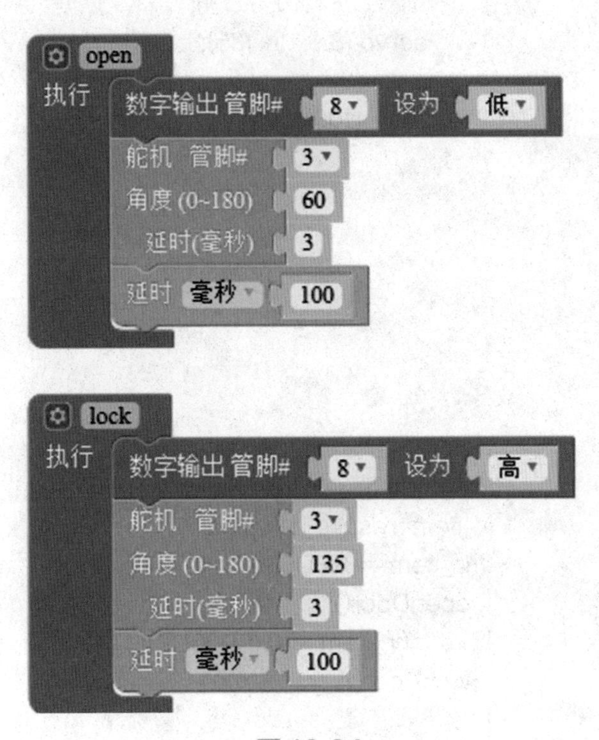

图 16.24

函数定义：

```
void openDoor() {
  digitalwrite(8,LOW);
  servo_3.write(60);
  delay(3);
  delay(100);
}
void lockDoor() {
  digitalwrite(8,HIGH);
  servo_3.write(135);
  delay(3);
  delay(100);
}
```

图 16.25

函数使用：

```
If(irrecv_11.decode(&results_11)){
  ir_item=results_11.value;
  If(ir_item==0xFD609F){
    openDoor();
  }else if (ir_item ==0xFD20DF){
    lockDoor();
  }
  irrecv_11.resume();
}
```

图 16.26

中断的 3 种触发模式如下。

上升：引脚信号由低电平切换为高电平。

下降：引脚信号由高电平切换为低电平。

改变：引脚信号发生改变，上升或下降。

声明及 ISR

attach Interrupt(digitalPinToInterrupt(2)，ISR，RISING)

attachInterrupt(0，ISR，RISING)

ISR，Interrupt Service Routines，中断服务程序，即中断触发时执行的函数，注意程序中函数名称 wave 后不带“( )”，这点与函数调用不同。

（1）Arduino UNO 板仅有数字引脚 2 和 3 两个中断接口，且引脚 2 触发的中断优先级高于引脚 3 触发的中断。

（2）“digitalPinToInterrupt(2)”便是告诉程序中断端口为 2 号数字引脚，也可以直接使用 0 来代替，同理可以使用 1 代替“digitalPinToInterrupt(3)”。

（3）延时函数“delay( )”是基于中断计数的，所以在中断内延时无效，中断常用来更改状态变量，进而影响程序的流程。（在延时函数 ISR 中，可以使用“delayMicrosecond( )”来实现最长不超过 16383 微秒的延时，大致等效于“delay(16)”）。

《抽奖转盘：随机数与数值映射》程序和代码示例：

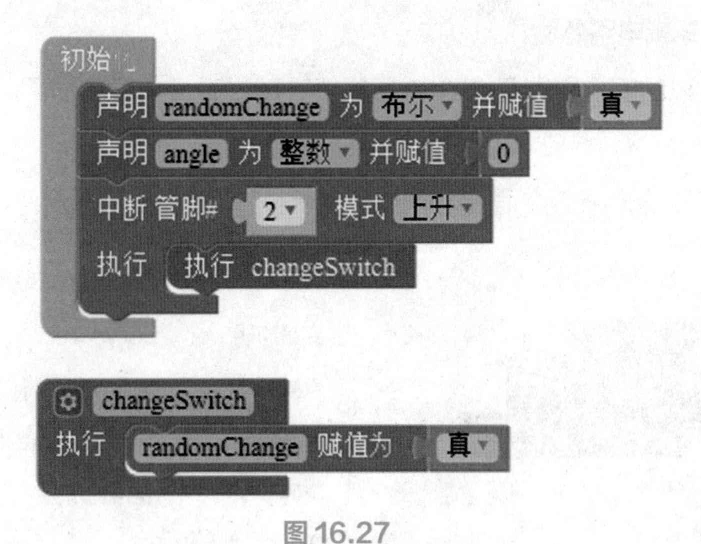

图 16.27

```
boolean randomSwitch = false;
int angle = 0;

void randomSwitch(){
  randomChange = true;
}

void setup(){
  pinMode(2,INPUT);
  attachInterrupt(digitalPinToInetrrupt(2),onchange,RISIMG);
}
```

图 16.28

设备与库

舵机

（1）舵机的最小旋转单位是 1 度。

（2）舵机是机械模块，旋转到位需要时间，时间过短，舵机无法旋转到位。

（3）舵机有输出扭力限制，且内有齿轮及控制电路，超出扭力输出，容易损坏内部齿轮或电路。

（4）常见的舵机只能在 0~180 度旋转，超过旋转角度会损坏舵机内部齿轮等部件。

《招财猫：舵机控制》程序和代码示例：

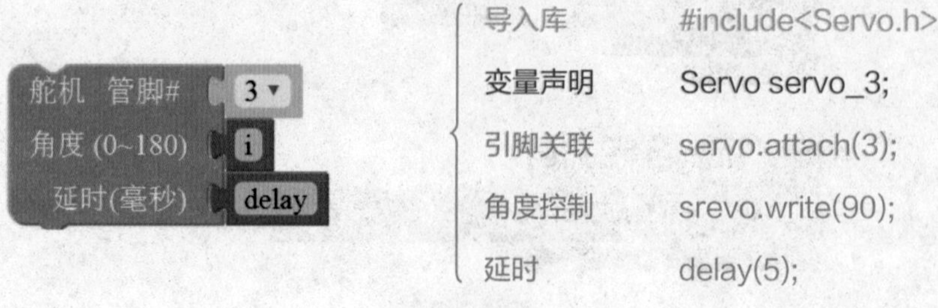

图 16.29

```
#include<servo.h>

int delay2;
Servo servo_3;

void setup(){
  delay2 = 10;
  servo_3.attach(3);
}

void loop(){
  for (int i = 5; i>=45; i =i + (1)){
    servo_3.write(i);
    delay(delay2);
  }
  delay(300);
  for (int i =100; i >=45; i = i +(-1)){
    servo_3.write(i);
    delay(delay2);
  }
  delay(300);
}
```

图 16.30

红外

（1）红外模块对应的代码最多，在此只介绍代码，不作具体讲解。

（2）红外模块在串口监视器内返回红外遥控信号的类型及对应的 16 进制数值，可用于调试获取遥控器不同按键的数值，但后续编程中可直接跳过，所以代码中并未出现对应代码。

（3）串口监视器返回的“FFFFFFFF”为重复码，表示设备收到了重复的红外信号。

《遥控门锁》程序和代码示例：

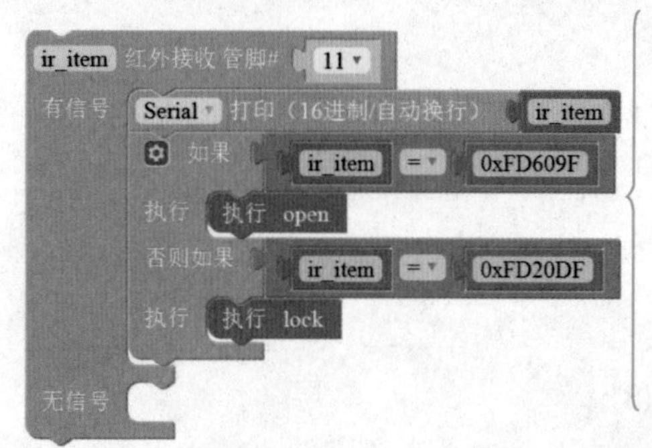

导入库	#include<IRremote.h>
变量声明	long ir_item;
设备初始化	irrecv_11.enableIRIn();

信号解码	if(irrecv_11.decode(&results_11)){
	ir_item=results_11.value;
	}

接收器复位	irrecv_11.resume();

图 16.31

```
#include<IRremote.h>

Long ir_item;

IRrecv irrecv_11(11);
decode_results results_11;

void lock(){
}
void open(){
}
// 此处省略两个函数代码
void setup(){
  Serial.begin(9600);
  irrecv_11.anableIRIn();
}

Void loop(){
  if(irrecv_11.decode(&results_11)){
    ir_item=results_11.value;
    String type= "UNKNOWN";
    String typelist[14]={ "UNKNOWN", "NEC", "SONY", "RC5", "RC6", "DISH",
    "SHARP","PANASONITC","JVC","SNAYO","MITSUBISHI","SAMSUNG",
    "LG", "WHYNTER"}
```

```
    if(results_11.decode_type>=1&&results_11.decode_type<=13){
      type=typelist[results_11.decode_type];
    }
    Serial.print( "IR TYPE:"+type+ " ");
    Serial.println(ir_item,HEX);
    if(ir_item==OxFD609F){
      open();

    } else if (ir_item==OxFD20DF){
      lock();
    }
    irrecv_11.resume();
  } else {
  }

}
```

图 16.32

LCD 液晶屏

LCD 是所有课程中使用的最复杂的硬件元件，包含了设备初始化、IIC 通信等一系列内容。

（1）LCD 液晶屏，信息的显示和更新需要从左到右逐行刷新，所以要留足延时以便内容显示完整。

（2）硬件的初始化及设备开启都需要在“setup( )”函数中完成。

（3）IIC 地址因设备而异。不同厂家设备地址不同，同一厂家设备地址也可以通过短接 IIC 转接板上的引脚来修改。液晶显示不正常，排除连线错误，优先考虑地址问题。

（4）液晶屏显示的对比度可以通过旋转屏幕背面的旋钮来调整。

节选自《超声波测距仪》程序和代码示例：

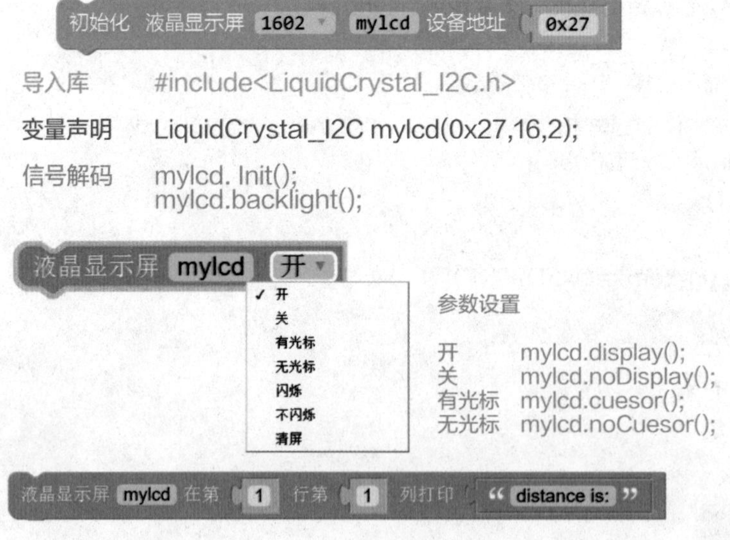

图 16.33

```
#include <LiquidCrystal_I2C.h>

float distance;

LiquidCrystal_I2C mylcd(0x27,16,2);

float checkdistance_8_7() {
  digitalWrite(8, LOW);
  delayMicroseconds(2);
  digitalWrite(8, HIGH);
  delayMicroseconds(10);
  digitalWrite(8, LOW);
  float distance = pulseIn(7, HIGH) / 58.00;
  delay(10);
  return distance;
}

void setup(){
  distance = 0;
  mylcd.init();
  mylcd.backlight();
  mylcd.display();
  pinMode(8, OUTPUT);
  pinMode(7, INPUT);
}

void loop(){
  mylcd.clear();
  distance = checkdistance_8_7();
  delay(10);
```

```
    mylcd.setCursor(1-1, 1-1);
    mylcd.print("Distance is:");
    mylcd.setCursor(1-1, 0-1);
    mylcd.print(String(distance) + String("cm"));
    delay(300);
}
```

图 16.34

库 Libraries

Arduino 编程环境的扩展程序包。

库的使用使 Arduino 的所有外设模块化，同时也为 Arduino 提供了无法比拟的兼容性和扩展能力。

按需加载，保证了主程序及编译环境的简洁高效，又能在有需求时扩充支持。

库的功能如下。

（1）将硬件编成新的“变量”，只需要声明就可以使用。

（2）库为程序提供了驱动硬件所需的额外函数，让我们通过简单的命令就可以实现想要的功能，如课程中的“servo.attach( )”“servo.write( )”，分别是关联硬件引脚和控制舵机旋转到指定角度的程序指令。

（3）库也可以自定义，具体操作难度已超出课程设计难度，此外不展开讲述。

《抽奖转盘》代码示例：

```
#include<servo.h>

boolean randomChange=false;
int angle=();

servo servo_3;

void changeSwitch(){
  randomChange = true;
}

void onChange(){
  angle = 15+random(0,5)*30;
```

```
    servo_3.write(angle);
    delay(100);
  }

  void setup(){
    pinMode(2,INPUT);
    attachInterrupt(digitalPinYoTnterrupt(2),changeSwitch,RISING);
    servo_3.attach(3);
  }

  void loop(){
    if(randomChange==true){
      onChange();
      delay(5000);
      randomChange = false;
    }
  }
```

图 16.35

舵机库中“servo.attach( )”对应的程序：

```
uint8_t Servo::attach(int pin, int min, int max)
{
  if(this->servoIndex <MAX_SERVOS){
    pinMode(pin, OUTPUT);
    servos[this->servoIndex].Pin. nbr = pin;
    this->min = (MIN_PULSE_WIDTH - min)/4;
    this->max = (MAX_PULSE_WIDTH - max)/4;
    timer 16_Sequence_t timer = SERVO_INDEX_TO_TIMER(servoIndex);
    if(isTimerActive(timer) == false)
      ini tISR(timer);
    servos[this->servoIndex]. Pin. isActive = true;
  }
  return this->servoIndex;
}
```

图 16.36

纸模

闪烁的 LED（一）

- - - - - - - - - - 内折线

———————— 剪裁线

粘贴区域

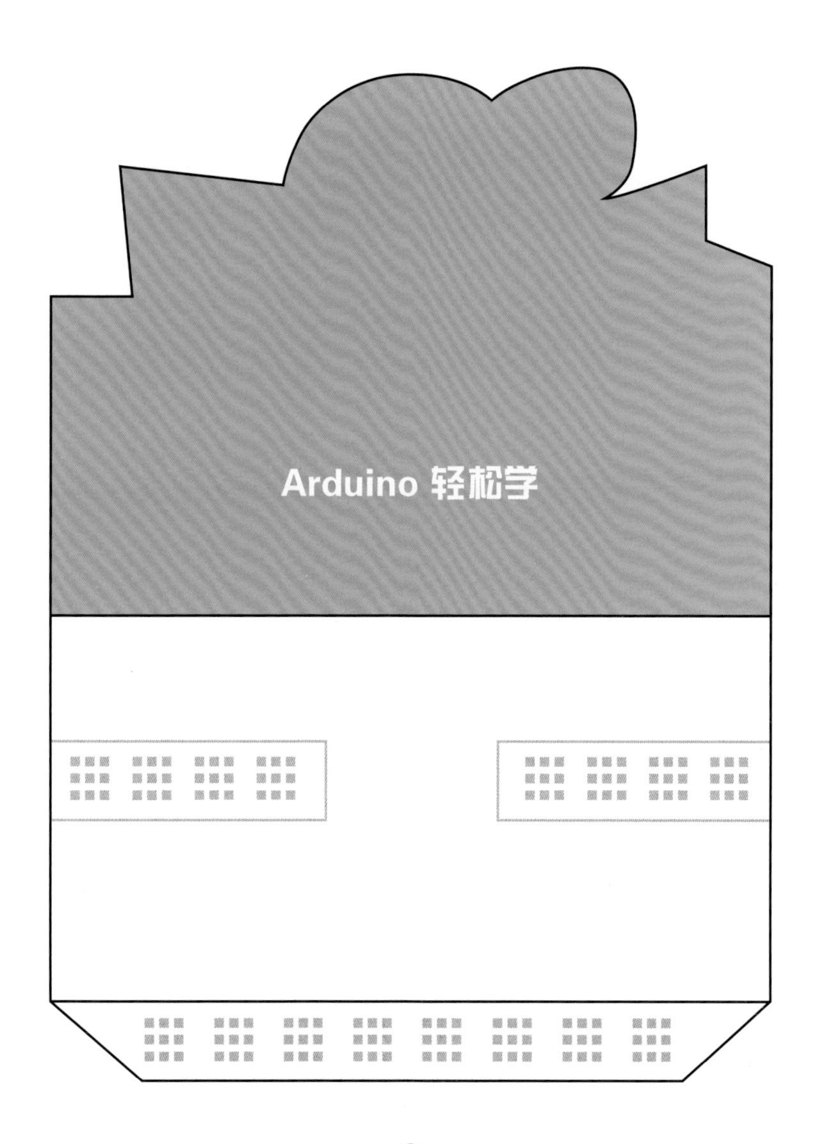

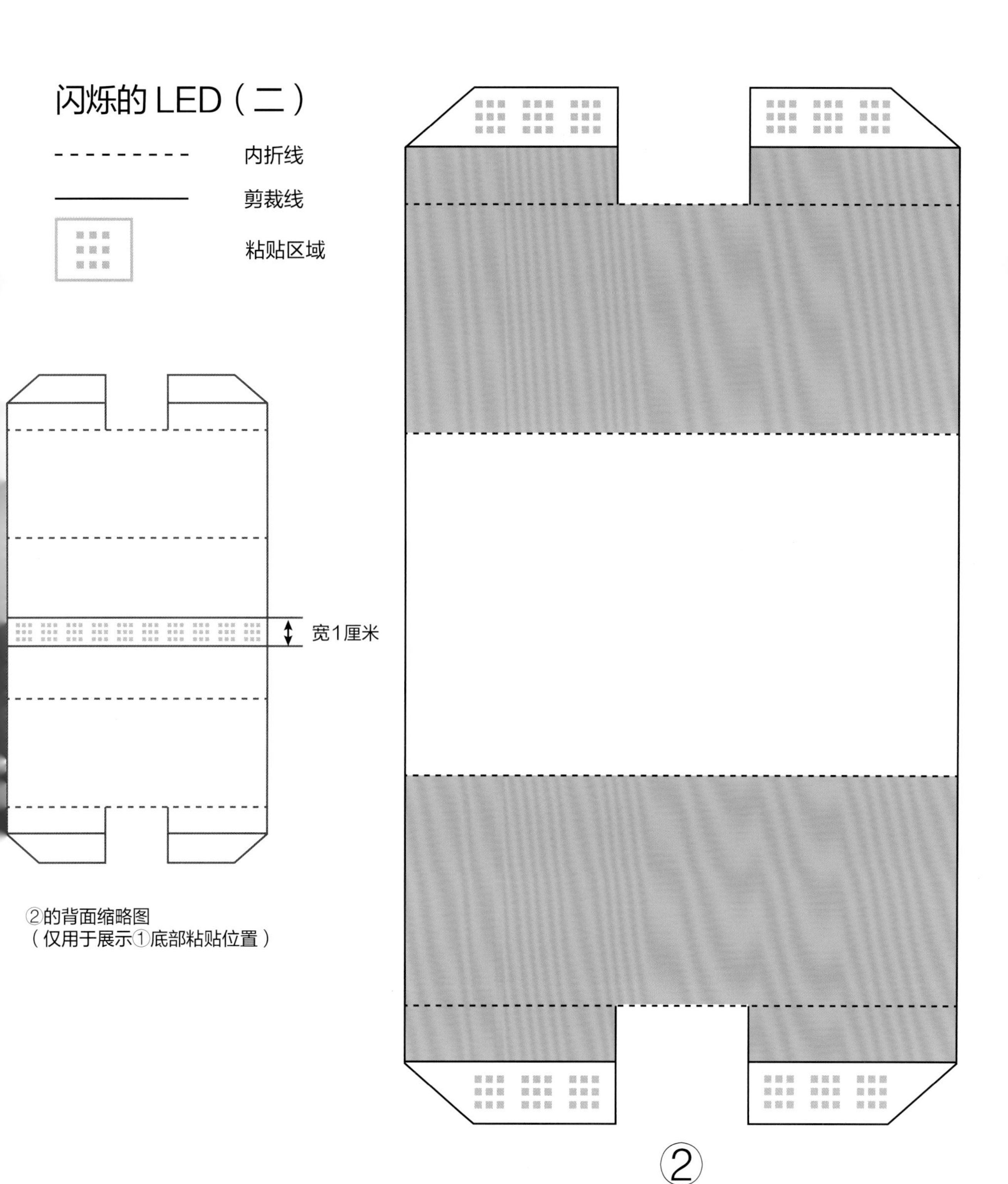
闪烁的 LED（二）
内折线
剪裁线
粘贴区域
宽1厘米
②的背面缩略图
（仅用于展示①底部粘贴位置）
②

交通警示灯

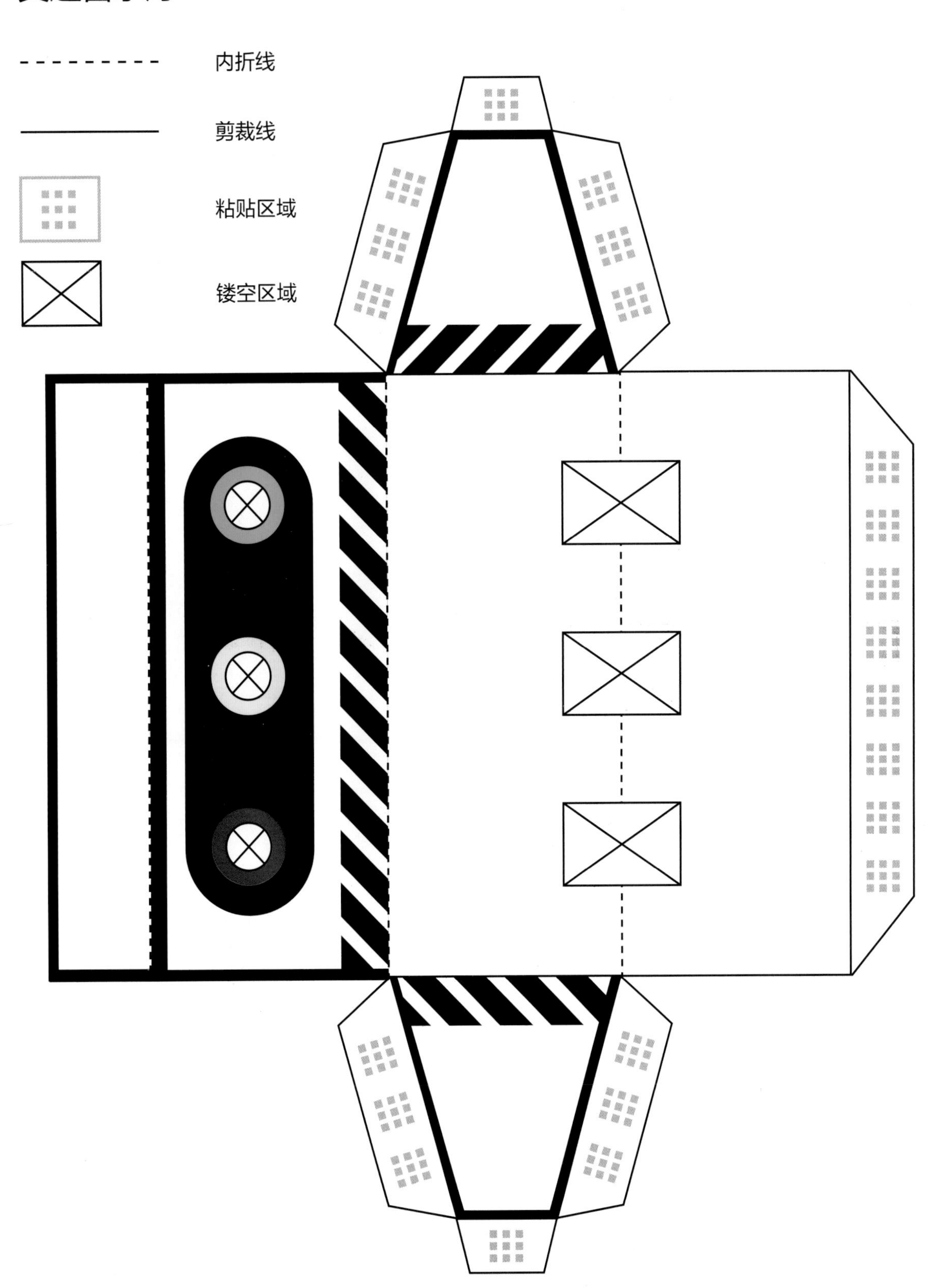

调光台灯（一）

内折线　　粘贴区域

剪裁线　　镂空区域

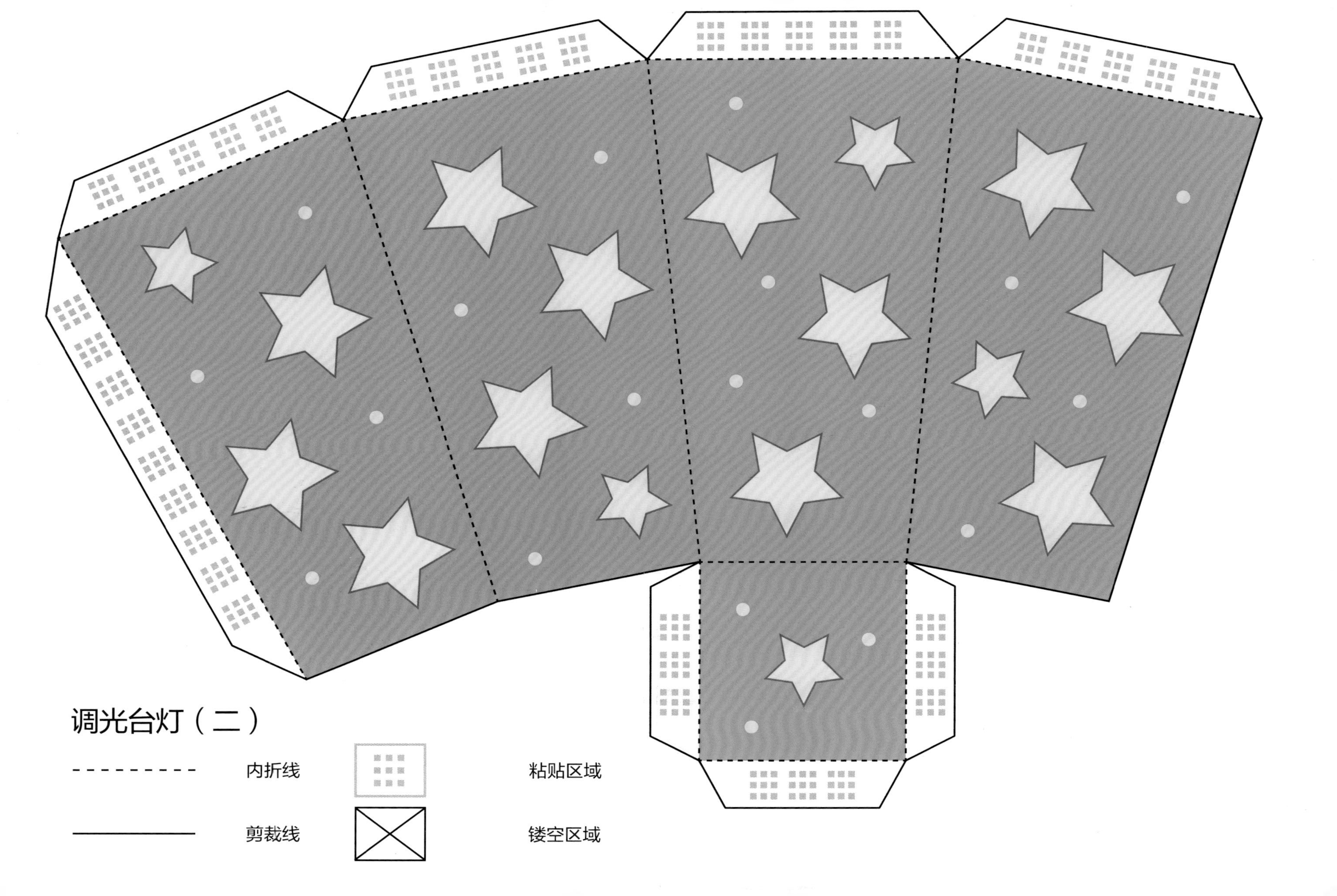
调光台灯（二）
内折线
粘贴区域
剪裁线
镂空区域

门铃：逻辑判断与数字输入（一）

- - - - - - - - - 内折线

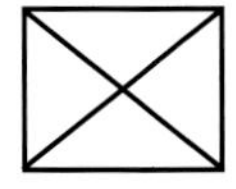

粘贴区域

——————— 剪裁线

镂空区域

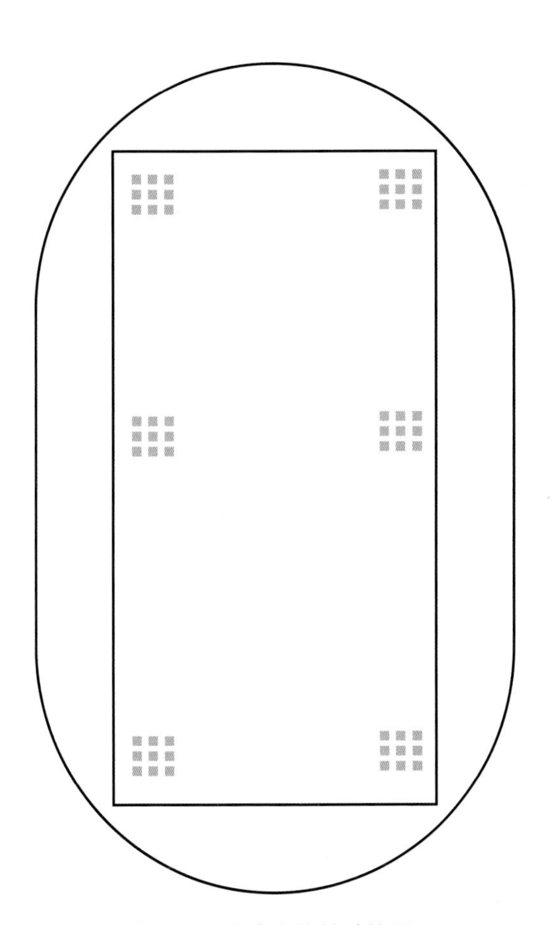

仅用于示意立方体粘贴位置

门铃：逻辑判断与数字输入（二）

- - - - - -	内折线		粘贴区域
——	剪裁线		镂空区域

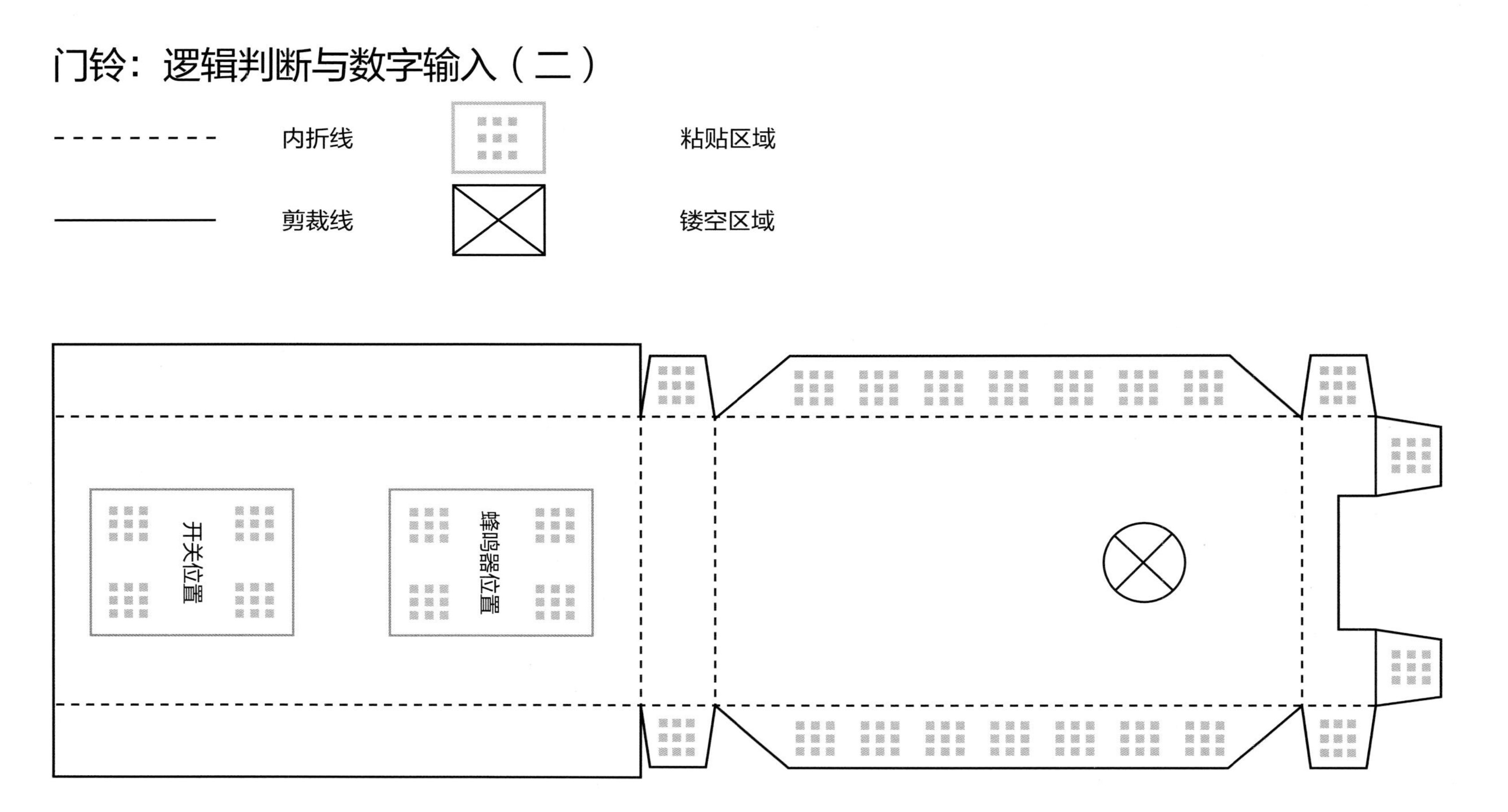

状态指示灯：布尔运算（一）

外折线

内折线

剪裁线

粘贴区域

镂空区域

状态指示灯：布尔运算（二）

· · · · · · · · · ·	外折线	————	剪裁线	☒	镂空区域
- - - - - - - - - -	内折线	▦	粘贴区域		

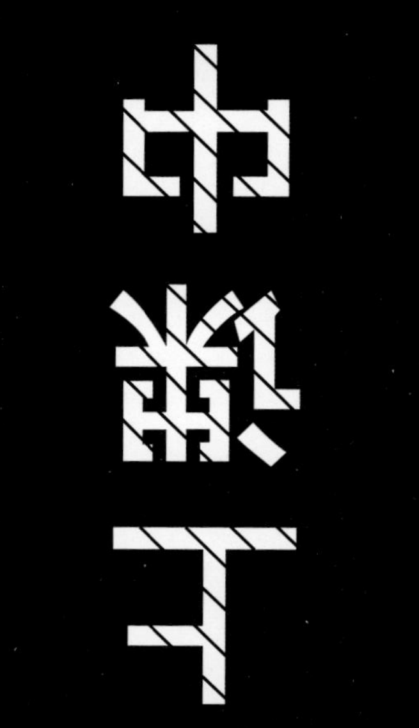

智能声控灯：多传感器与布尔运算（一）

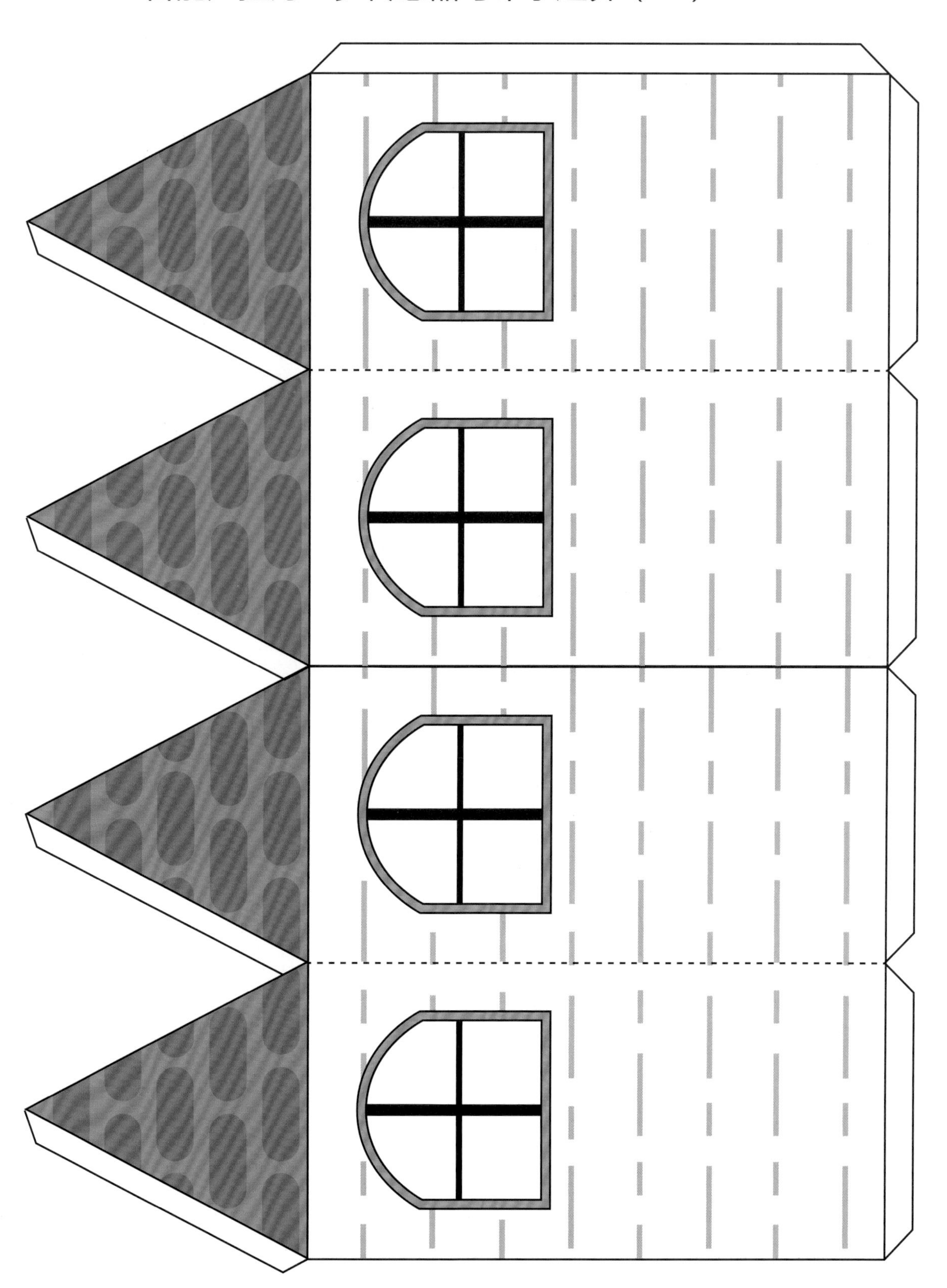

智能声控灯：多传感器与布尔运算（二）

智能声控灯：多传感器与布尔运算（三）

智能声控灯：多传感器与布尔运算（四）

智能声控灯：多传感器与布尔运算（五）

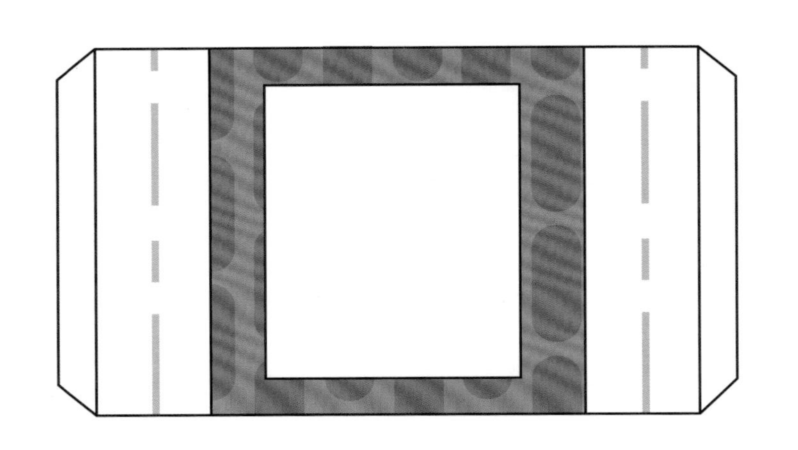

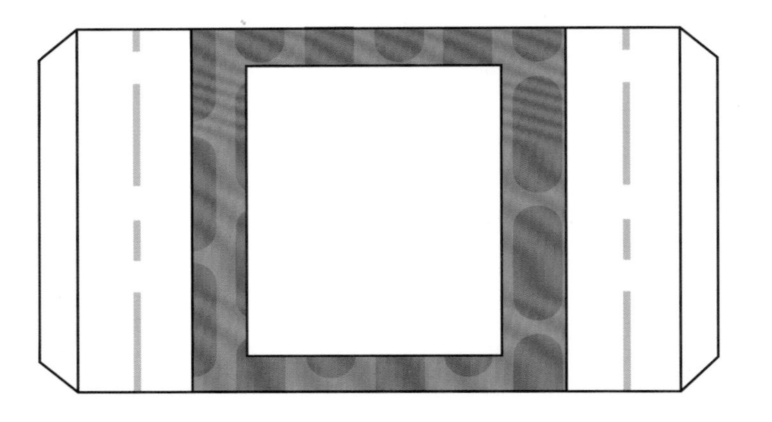

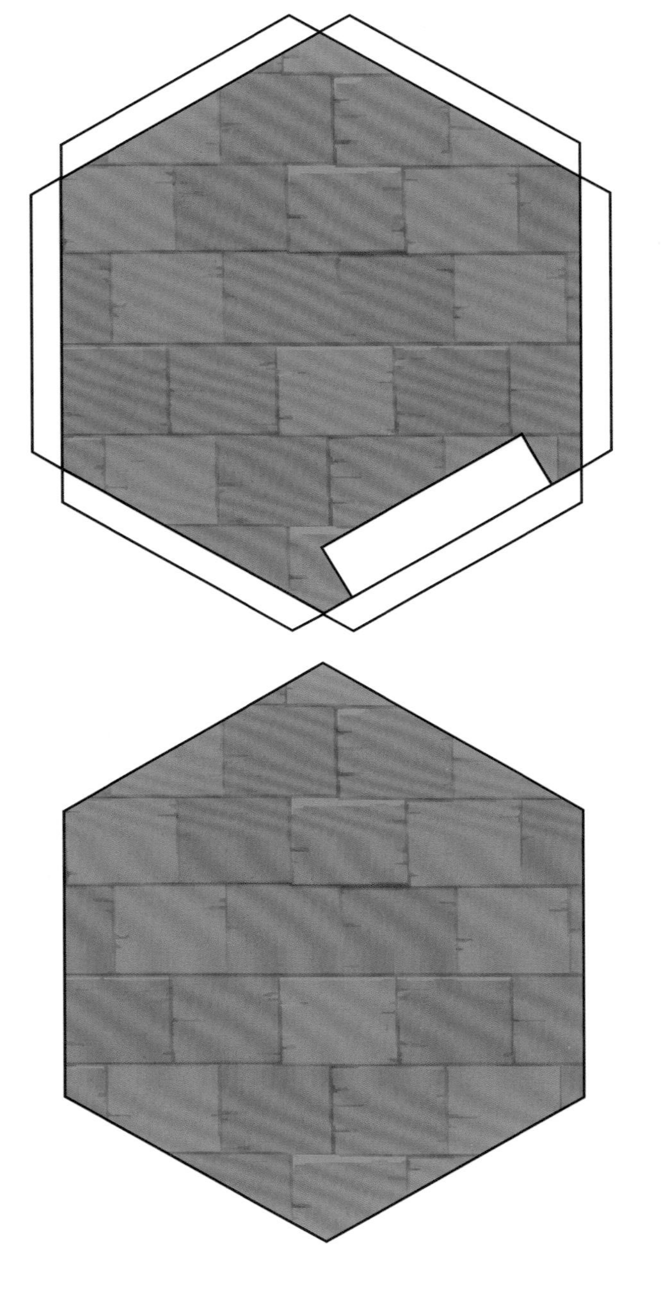

招财猫：舵机控制

抽奖转盘：随机数与数值映射

招财猫：舵机控制

抽奖转盘：随机数与数值映射